# DESCRIPTION

## ET USAGE

### DES

## PRINCIPAUX INSTRUMENTS

## D'ASTRONOMIE.

M. DCC. LXXIV.

# EXPLICATION DES TERMES.

## A

*Abbaissements* du Quart de cercle, & maniere de le relever, *pages 5, 8 & 35.* L'Abbaissement des parties enfoncées du limbe doit être d'abord annéanti, *page 58.* Conditions du marché quant aux Abbaissements, *ibid.*

*Alidade*; sa construction, *page 17.* L'Alidade brisée, *pages 18 & 19.* Maniere de diviser l'arc de nonius de l'Alidade, *pages 47 & 48.* Questions & autres difficultés qui restent à vaincre concernant l'Alidade, *pages 56 & 59.*

*Applanir* ( Machine pour ) le limbe des Quarts de cercles, *pages 11 & 57.*

*Arcs de cercles*; manieres diverses de les tracer, *pages 36, 47 & 53.* L'Arc décrit au compas préféré à la méthode arbitraire de tracer les divisions par transversales ou par divisions de nonius, *pages 38, 41.* La bissection de l'Arc recommandée pour diviser les Quarts de cercles, *pages 38, 43, 44 &c.* — La division de l'Arc par la bissection, & celle du nonius, *pages 44, 47 & 51.*

*Arcs naissants, page 41.*

*Assises de pierre*, ou pieces cubiques oblongues de telle épaisseur qu'on jugera nécessaire, *page 30.* Mur formé de diverses assises de pierre, & variées en longueur, *ibid.*

*Axe optique* : c'est le rayon principal, auquel se réunissent, au foyer de la lunette, les rayons directs, rompus à leur passage à travers le verre objectif, *pages 45 & 46.*

## B

*Balance* se dit des contre-poids qui, détachés de l'instrument, n'agissent que sur sa lunette pour la tenir en équilibre, soit à l'horizon, soit au zénith, *pages 23, 25 & 26.*

*Biseau* ou face adoucie sur l'épaisseur de la plaque du nonius de l'alidade, *page 47.* Maniere de trouver le premier point ou le zéro de la division sur ce Biseau, *ibid.*

*Boulet de canon*, son usage pour porter le mur auquel est fixé le Quart de cercle, *pages 6, 30 & 34.*

*Boulons de fer*, se dit de barres rondes de 15 lignes d'épaisseur, & qui traversent le mur destiné à porter le Quart de cercle, *page 32.*

## C

*Champ* du réticule, ou espace que pénétrent les rayons de lumiere, après avoir traversé le verre objectif, & qui se croisent au foyer commun de l'objectif & de l'oculaire, *page 28.*

*Chan* : les regles disposées pour ne plier que sur leur épaisseur se nomment regles de chan, ayant 3 pouces de largeur au Quart de cercle mural, *page 9.* Arc de Chan qui fortifie les deux limbes, *ibid.*

*Chassis* ou réticule de fil d'argent placé au foyer de la lunette, *page 27, & suiv.*

*Centre d'acier*, devenu nécessaire, *pages 4 & 36.*

*Collimation* : c'est la ligne parallele à l'axe optique & au premier rayon du Quart de cercle, lorsque l'arc de nonius s'y trouve fixé, *page 49.*

*Compas à verges* perfectionnés singuliérement par le fameux Graham, *page 37.* Sa description, *ibid.*

*Crapaudine* ou matrice qui enveloppe le boulet de canon : on en voit les détails *Pl. 9,* & l'assemblage à la figure 11 de ladite Planche : il en est fait mention, *pages 6 & 31.*

## E

*Ecrouir*, terme qui signifie battre le cuivre à froid & en applanir les lames, *page 3.*

## G

*Goupilles*, se dit de chevilles de fer ou de cuivre ; terme usité en Horlogerie. Voyez *pages 3, 10 & suivantes.*

## I

*Inertie*, c'est la force qu'on emploie ; ou celle qui doit vaincre & déplacer un corps solide, & lui faire changer d'état, *pages 7, 30 & 31.* Calcul de l'Inertie du paraliélépipede ou mur qui porte le Quart de cercle, *ibid.*

## L

*Lanterne* chargée de plomb, faisant partie du contre-poids & balance de la lunette, *pages 17 & 25.*

*Levier* à bras coudés, sa description, *page 23.* — Fait partie de l'équipage ou contre-poids de l'alidade, *ibid.*

## M

*Machine à percer les rochers* ; sa description, *page 32.*

*Marbre & carreau de Passy*, le poids d'un pied cubique, *page 30.*

*Micromètre* se dit ici d'une vis extérieure destinée à faire mouvoir l'alidade, *page* 20. Le Micromètre n'est qu'une vis de rappel perfectionnée, *ibid.*

### P

*Platine ovale*, servant à réfléchir la lumiere de la lanterne pendant la nuit, au foyer de la lunette, *page* 25.

### R

*Rasoir, Racloir*, se dit de l'instrument destiné à applanir le limbe du Quart de cercle, *page* 11 & 57.

*Réseau*: c'est l'assemblage de regles de chan en cuivre bien écrouies, destiné à empê-cher la flexion du tube de la lunette, *page* 22.

### T

*Tracelet* pour graver les divisions du Quart de cercle; sa figure & construction, *page* 51 & 53.

*Télescope*: c'est la lunette à deux verres convexes, qu'on réunit à l'alidade du Quart de cercle, *pages* 17 & 28.

### V

*Vis*, doit être taraudée & perfectionnée sans relâche à la filiere brisée, recuite plus d'une fois & redressée, après avoir été re-courbée par la trempe, *pages* 19 & 20.

---

## ERRATA.

PAGE 4, *ligne* 18; au lieu de *l'axe*, lisez *l'arc.*
Page 8, *ligne* 14, lisez *page* 6.
Page 15, *ligne* 39, lisez *Pl.* 14.
Pages 19 & 20, *lignes* 34 & 29, lisez *figure* 2.

DESCRIPTION

# DESCRIPTION ET USAGE

## DES PRINCIPAUX

## INSTRUMENTS D'ASTRONOMIE,

*Ou l'on traite de leur Stabilité, de leur Fabrique, et de l'Art de les diviser.*

*Par M. Le Monnier.*

La Description générale des Instruments d'Astronomie se trouve déja répandue depuis un siecle en divers Ecrits, dont les principaux sont *la Mesure de la Terre*, qu'on a réimprimée plusieurs fois, & en dernier lieu avec la *Description du Secteur Astronomique de Graham*, donnée par M. le Camus; on en trouve aussi d'autres descriptions curieuses & très-détaillées dans Bion & dans l'*Optique de Smith*; mais on croit nécessaire d'y ajouter diverses inventions du fameux Graham, que Jean Bird vient de publier aux frais du Gouvernement d'Angleterre. On s'est enfin proposé d'y joindre ce qui a été imaginé en France pour donner au Quart de cercle mural l'avantage le plus étendu & la situation constante que doit conserver un pareil Instrument, lorsqu'il est tourné alternativement au Nord & au Sud.

On s'est attaché d'ailleurs à recueillir tout ce qui peut concourir à rendre plans les plus grands Quarts de cercles muraux, puisque si l'on ne s'est jusqu'ici occupé qu'à en perfectionner les divisions, cela ne devoit pas excuser les Fabricateurs de n'avoir tourné leurs vues qu'à cet objet. Personne n'ignore, en Astronomie, de quelle utilité il doit être de réunir les hauteurs & les passages à un seul & même Instrument fixé dans le plan du Méridien. C'est le but général auquel doivent tendre les plus exercés d'entre les Observateurs; c'est le moyen unique de multiplier les observations & d'éviter la fâcheuse circonstance de recourir à diverses Lunettes qui ne peuvent que nous diftraire en nous dérobant la vue d'un aftre, quand fa lumiere eft foible ; en un mot, c'eft le plus fimple des moyens de connoître tous les états où fe trouve un pareil Inftrument felon la température fi variable qu'il doit éprouver, comme auffi felon la diverfité des temps ou faifons d'hiver, alternativement très-humides & très-froides en ces climats.

Comme Paris & Londres font les deux Capitales de l'Europe où les Arts font pouffés au plus haut degré d'étendue, & qu'ils font favorifés par le plus grand commerce de ces deux Villes, nous devons à l'induftrie de quelques hommes rares & profonds Méchaniciens les fuccès rapides & les progrès étonnants, auxquels on a porté les Inftruments d'Aftronomie.

Ce n'eft pas ici le moment de détailler l'Inftrument des paffages qui a été décrit dans Smith, & dans l'Hiftoire Célefte en 1741 ; la grande difficulté d'y conferver l'axe principal de la lunette conftamment perpendiculaire à l'axe de rotation, n'eft connue qu'à peine de ceux qui avoient effayé ou qui ont prétendu en faire un grand ufage : au premier afpect, l'Inftrument paroît plus fimple & d'autant plus aifé à conftruire qu'on fuppofe que l'axe a fes deux extrêmités d'un même calibre & parfaitement arrondies. Comment cet axe qui roule toujours d'un même fens fur fes couffinets peut-il donc fe conferver inaltérable ? Eft-on d'ailleurs bien affuré que fa lunette décrive toujours un grand cercle ? Et l'expérience a-t-elle fait connoître qu'il s'y maintenoit au point que l'axe de fa lunette répondra toujours au point vertical ou au zenith ? Toutes ces circonftances, & d'autres concernant le niveau à bulle d'air, ont fait préfumer qu'on pourroit obtenir au moins autant de précifion aux paffages obfervés par le fil de la lunette du Quart de cercle mural, dans l'état de perfection auquel on l'a porté jufqu'ici, & tel qu'on va le décrire amplement.

La Commiffion nommée pour perfectionner la fcience des Longitudes, fit diftribuer à Londres une groffe fomme qu'elle avoit refufée à l'Auteur de l'Horloge Marine, pour qu'on décrivît avec foin l'Art de conftruire les Quarts de cercles muraux, comme auffi l'Art de les divifer : l'Artifte qui a reçu cette fomme s'eft contenté de produire un Ecrit avec trois planches gravées pour ce qui concerne la fabrication de l'Inftrument ; & dès l'an 1767, un autre Ecrit concernant la divifion, avec une feule planche ou figure relative à fon difcours. On a cru devoir détailler ici davantage cette conftruction, en y joignant d'autres équipages très-utiles & leurs acceffoires : le nombre des planches s'eft accru néceffairement jufqu'au triple & au quadruple, ainfi que l'exigeoient les principaux détails où il a fallu entrer, & le Public loin d'être prévenu contre de pareils détails, en faura d'autant plus de gré à la Nation Françoife, qu'elle a fû gratuitement les porter auffi loin que la chofe fembloit le requérir.

## ARTICLE PREMIER.

*Confidérations générales touchant les vérifications, fupports & affemblages
des piéces qui compofent le Quart de cercle mural.*

ON a renoncé, fans en avoir donné des preuves fuffifantes ni aucunes fortes
d'objections claires & valables, à forger en fer les carcaffes des Inftruments
mobiles ou fixes dans le Méridien : ce font ceux-ci que vulgairement on connoît
fous le nom de *Quarts de cercles muraux* : deux célebres Méchaniciens, MM.
Graham & le Camus, ont fait exécuter néanmoins avec bien des précautions
& avec des vues non communes, deux de ces grands Quarts de cercles qu'on
voit à Greenwich d'une part, & de l'autre dans une falle particuliere de l'Obfervatoire Royal de Paris : celui-ci quoique mobile fur un genouil, eft de
beaucoup fupérieur aux anciens mobiles & muraux : les carcaffes de ces Inftruments font toutes de fer avec un limbe de cuivre rivé par des goujons multipliés de diftance en diftance dans toute l'étendue du limbe, lequel a été battu
à froid & écroui. Quand on aura prouvé par des expériences décifives que ces
carcaffes de fer, ou bien que le mêlange prefqu'intime des deux limbes de
métaux différents peut entraîner avec foi des variations ou erreurs fenfibles,
foit dans la forme, foit dans l'arc total de la divifion de ces Inftruments, ce
fera pour lors le cas de les profcrire à jamais de l'Aftronomie pratique. Mais
les gens d'art n'ont pas affez connu par l'ufage, ces fortes d'Inftruments pour
en parler à leur gré, & ils fe font trop flattés de s'y fouftraire avec leurs multi-
tudes de coqs & de vis, comme s'il n'étoit pas vifible & prouvé par les faits,
que les vis quelconques & leurs goupilles font tant foit peu fujettes à varier
dans leurs écrous, alvéoles ou rivures.

Quoi qu'il en foit, les inventions modernes du laminage qu'on réitere, ont
dû contribuer à diminuer le travail & la peine des Artiftes, en n'employant
plus à la formation des carcaffes des Quarts de cercles que leurs fimples lames
de cuivre ; ils doivent donc aux Inventeurs des Moulins à laminer, les béné-
fices qu'ils font aujourd'hui, en fe fouftrayant aux frais de la forge, & n'ayant
plus tant de peine à battre leurs lames de cuivre à froid pour l'*écrouir*, felon
le terme de leur art, & le rendre par-là plus traitable & propre aux divers
ufages auxquels ils font dans le cas de l'employer. D'ailleurs on s'eft apperçu
déja plus d'une fois, qu'il ne falloit pas leur abandonner en entier les defcrip-
tions des Inftruments.

M. Godin a fuffifamment détaillé en 1731, dans les Mémoires de l'Académie, la maniere de conftruire pour ce temps-là le Quart de cercle fixe ou mural :
MM. Picard, Roemer & Flamfteed, l'avoient déja, à la vérité, ébauchée, ainfi
qu'on peut le voir aux Hiftoires Céleftes. Il y manquoit pourtant alors fix à

sept perfections que Graham avoit très-bien prévues, mais sans les décrire, dans le sien placé à Greenvich en 1725 : & en 1714 & 1731, en France on avoit déja développé des méthodes praticables, & que l'on peut tenter chez l'Artiste même, pour s'assurer, à l'aide de la lunette de l'alidade, si l'arc marqué 90 degrés sur le limbe de cet Instrument répond en effet à 90 degrés dans le ciel ; en un mot l'Observateur place son Quart de cercle mural la face tournée alternativement vers le zénith & vers le nadir, & avec un fil tendu dans la salle sur deux crampons ou repaires fixes, il vérifie bien-tôt ainsi la ligne de collimation, soit sur le point de o degré & le point du centre, soit sur deux autres points également distants sur la platine & sur le limbe par où passe une parallele à ce rayon du Quart de cercle.

La planche de sapin ou regle de 7 pieds & demi, avec deux arcs solides tracés à l'équerre, ou avec les arcs circulaires qui la terminent, qu'on a décrite à la *page* 24 de la *Méthode de construire les Quarts de cercles*, publiée à Londres en 1768, ne doit pas trouver place ici, étant d'une exécution trop difficile : cette méthode est d'ailleurs moins simple que celle de M. Graham, qui y employoit pareillement le niveau à bulle d'air, pour vérifier si l'axe répond à 90 degrés : ce célébre Méchanicien vouloit qu'on en fît usage indépendamment de la lunette de l'alidade. Il fit même construire deux doubles coussinets qu'on fixoit à 4 pouces l'un & l'autre, savoir horizontalement vers le centre au-dehors, comme aussi vers le 90 degré de la division ou distance au zénith : on se proposoit ensuite d'y placer successivement la regle qui portoit le niveau & le fil d'argent qu'il falloit par là établir dans une ligne horizontale aussi précisément que celui qui doit marquer l'à-plomb du centre à o degré, ou premier point de la division du limbe. L'axe du centre & son canon étant entrés dans la platine au centre du Quart de cercle, comme il est représenté *Pl.* 4, *Fig.* 8 & 9, on faisoit ensorte que les supports ou coussinets fussent autant éloignés l'un du point marqué au centre de l'arc, que l'autre l'étoit du point de 90 degrés ; par-là on étoit assuré, indépendamment de la courbure du fil d'argent par son poids, d'avoir au moins dans le parfait niveau deux points correspondants, parce que les supports ou coussinets pouvoient se hausser à volonté ou s'abaisser par des mouvements très-doux, semblables à ceux qu'on voit pratiqués *Pl.* 2, *Fig.* 3 & 4.

Ces raisons auroient dû engager l'Artiste vis-à-vis des Etrangers à leur fournir de semblables canons, & des centres d'acier garnis de cuivre pareils à celui de la *Fig.* 9, *Pl.* 4 ; mais il s'en est cru dispensé, ainsi que de donner plus de perfection aux plans des Quarts de cercles muraux ; ce qui doit être encore indépendant de l'axe de vision de son alidade ou lunette, n'étant pas nécessaire d'avoir recours en pareil cas à l'Instrument de passages. Or le centre d'acier que feu M. Julien le Roi m'a fait construire il y a plus de vingt ans, & qui est garni de cuivre par ses extrémités, lesquelles entrent dans le canon du centre, sert à vérifier l'arc total à l'aide des compas à verges.      Ce

Ce centre d'acier très-dur réfifte fans ceffe aux efforts de la pointe du compas à verge ; pour l'ordinaire l'Artifte divife fon inftrument & l'exécute dans une fituation de l'Inftrument parallele à l'horifon , ou regardant le zénith. Quand un pareil Inftrument eft enfin mis en place , & fufpendu fur fes deux groffes potences ou fupports ( *Pl.* 2 , *Fig.* 2 , 3 , 4 *&* 5 , ) arrêtés par des boulons de fer dans le gros mur , il doit être curieux , & on eft bien aife d'en vérifier encore l'état à diverfes années à l'aide du niveau à bulle d'air & du fil horizontal : or c'eft ce qui a occafionné les équipages & les fupports fixés à une menuiferie qu'on ôte , & dont on vient de parler.

Les grands inconvénients attachés aux anciens Quarts de cercles muraux , auxquels M. Graham a d'abord remédié , font déja décrits aux *pages* 3 *&* 4 , du IV<sup>e</sup> Livre des *Obfervations de la Lune* , publiées au Louvre , *in-folio* , ce qu'on va répéter ici fuccinctement. L'Artifte que M. Graham dirigea , avoit déja conftruit plufieurs de ces fortes d'Inftruments , quoique d'un moindre rayon que celui de 1725 , lorfque nous en avons vu la defcription dans l'*Optique de Smith* ; mais il fe négligeoit trop fur la maniere de fixer l'alidade au limbe ; fur la folidité de la charpente qu'il voulut faire toute en cuivre ; enfin fur l'équipage qu'il avoit cru devoir fixer à fon gré au foyer de la Lunette. Au refte l'Artifte Jonathas Siffon avoit dès-lors très-bien fuivi les avantages pratiqués dès 1725 , favoir à mon premier Quart de cercle mural de 5 pieds de rayon.

I. De ne faire mouvoir abfolument ce Quart de cercle mural que fur un feul point , afin de lui donner toute liberté de fe dilater ou de fe contracter felon le chaud ou le froid qu'il éprouve : dans toutes les autres parties , il n'étoit que fupporté uniquement au 2<sup>e</sup>. appui , & ailleurs contenu par des vis relativement au plan du Méridien.

II. Le mur auquel il étoit fixé , étoit ifolé & bâti fur la Méridienne , ce qui donnoit la facilité de placer alternativement le Quart de cercle au Nord & au Sud , & par là de vérifier les parallélifmes de l'axe de fon alidade ou lunette.

III. Au lieu de préfenter fucceffivement le Quart de cercle au zénith & au nadir pour vérifier le fecond parallélifme de l'axe de fa Lunette , lequel a rapport aux divifions , les équipages ou regles du centre & du nonius dreffées d'équerre au plan paffant par ce fecond axe , favoir aux extrémités de l'alidade , fourniffoient un moyen de la renverfer , fans y affujétir tout l'Inftrument dont on la détachoit ; on pouvoit ainfi la vérifier à quelque objet terreftre en la plaçant en fens contraire fur une regle de pareille longueur , & fixée à niveau fur quelque appui inébranlable ; en un mot la vérification au zénith qu'offroit encore le mur ifolé , y fuppléoit au moins , & fervoit de confirmation à la jufteffe defdites regles.

IV. Le fecond fupport , *Pl.* 2 , *Fig.* 2 *&* 3 , étoit mobile fur une contre-plaque , afin que le fil à-plomb , ou fon parallele tombant du centre , pût toujours être rétabli à l'aide de la vis fur le o degré de la divifion ; tout l'Inftrument ayant par-là un mouvement circulaire fur l'autre fupport ou point fixe.

V. L'arc de Vernier fervoit à en vérifier fucceffivement toutes les divifions, puifqu'elles pouvoient fe préfenter à volonté fous cet arc conftant qui formoit le nonius, & qui en eût manifefté les inégalités.

VI. L'arc extérieur étoit encore mieux divifé par la biffection en 96 parties, & autres foufdivifions relatives à cette invention curieufe de M. Graham. On en trouvera ci-après la Table générale, lorfqu'il fera queftion de la maniere de divifer les Quarts de cercles.

Au refte jufqu'à ce qu'on ait combattu l'expérience faite au Pérou fur les angles pris avec les Quarts de cercles dont la charpente étoit de fer, par d'autres expériences plus décifives, on fera toujours fondé à admettre une altération peu fenfible à l'ancien Quart de cercle mural de M. Graham, puifqu'il n'éprouve pas d'auffi grandes impreffions du chaud & du froid que celui que M. Bouguer a prétendu fenfiblement inaltérable, même à la plus grande ardeur du foleil fous l'Equateur.

A peine mon grand Quart de cercle mural de 7 pieds & demi de rayon fut-il conftruit en 1753, que je fongeai férieufement aux moyens de le rendre plus complet que tous les muraux précédents, & même que celui de Greenwich. Avant 1750, j'avois déja, avec un mural de 5 pieds, remarqué l'effet de la pouffée des terres contre nos murs ifolés. Mais fi les erreurs du plan de l'Inftrument, qu'on place le mieux qu'il eft poffible à l'égard du plan du Méridien, font une fois connues; fi elles font de nature à être conftantes aux mêmes retours des faifons en chaque année, il étoit bien plus naturel, en ce cas, de faire fervir aux 180 degrés du Méridien le même Inftrument en le revirant au Sud & au Nord: dès lors ce Quart de cercle mural une fois fixé par fes fupports & oreillons n'étoit plus dans le cas d'être altéré quant aux erreurs du plan, au lieu qu'il n'en étoit pas de même en le tranfportant d'une face à l'autre du mur. Quelques précautions qu'on eût prifes en laiffant à demeure une partie des vis qui l'y contenoient, & relâchant les autres, il n'étoit plus poffible de le reftituer en fon ancien état, ni d'y reconnoître les mêmes déviations, lorfqu'il s'agiffoit de le dépendre d'un côté du mur ifolé & de le fufpendre à l'autre; fans parler de l'embarras inévitable & des foins fi longs & déja fuperflus qu'il falloit apporter à ces tranfports alternatifs.

On voit tout d'un coup, *Pl. 9 & fuiv.* les nouveaux moyens imaginés en France pour remettre d'à-plomb, & rendre à un pareil Inftrument la ftabilité requife en de femblables circonftances. Le mur ifolé tourne fur un boulet de canon parfaitement poli, ainfi que doit l'être l'intérieur de fa crapaudine. Les hauteurs correfpondantes & une premiere Mire établie du côté du Sud en indiquent fuffifamment les erreurs du plan, & fi l'on établit du côté du Nord une feconde Mire auffi facile à fixer que la premiere, les retours d'une même étoile à chaque demi-révolution du ciel étoilé, pourront fervir de confirmation

auxdites erreurs du plan reconnues déja du côté du Sud : on s'attachera sur-
tout à ce que chaque Mire convienne avec les deux Méridiennes abfolues de
ce Quart de cercle ainfi devenu mobile & fixe au gré de l'Obfervateur. On
expliquera ci-après comment il faut le reftituer à-plomb à l'aide de la crapaudine fupérieure & des vis en fens contraires qui la font mouvoir, ainfi que le
parallélépipede ou mur ifolé qui porte ce Quart de cercle : rien n'a été plus
facile d'ailleurs que de s'appercevoir fi le fil à-plomb qui pend de la platine
du centre effleure ou non le limbe du Quart de cercle, & tout autre fil latéral fur les revers de la regle de champ y fupplée à merveille, fi l'on a eu foin
d'y fixer une portion de limbe ou platine inférieure correfpondante au point
d'où l'on doit fufpendre en haut ce nouveau fil fecondaire. La pouffée des terres
contre les murs nuit fans ceffe à leur fituation verticale ou à leur à-plomb
parfait : on y remédie donc à l'aide des vis.

Or l'inertie de ces murs mobiles & parallélépipedes eft telle que jamais les
altérations dans le fens du fil à-plomb ne s'y manifeftent fubitement ; enforte
que s'y manifeftant par degrés, cela ne s'apperçoit bien fenfiblement qu'aux
grands changements de faifons ; aux paffages du temps fec au temps humide,
& autres faifons variables ; en un mot l'expérience a fait connoître que les
murs folides & ifolés d'un Obfervatoire de France ou d'Angleterre donnoient
fans ceffe diverfes variations au fil à-plomb lorfqu'il s'agiffoit d'y reftituer le
Quart de cercle quant aux hauteurs, & qu'ainfi celui dont il s'agit ici devoit
être rétabli en même-temps pour les hauteurs & pour les paffages. On eft donc
enfin parvenu à acquérir la facilité de mettre, à l'aide du boulet, le Quart de
cercle mural parfaitement d'à-plomb dans tous les fens, & cela fans l'altérer au-
cunement, mais faifant mouvoir autant qu'il eft requis le mur ifolé ou parallélépipede auquel il eft appliqué. Rien n'empêche comme à celui de 1725 qu'a
inventé M. Graham, qu'il n'ait toute liberté de fe dilater du froid au chaud,
& au contraire ; & les Mires nous raffurent fur fes directions ou fur fes plus
légers changements d'azimut.

Cet Inftrument jufqu'ici n'a été confidéré que relativement au plan du Méridien : on l'apperçoit en conféquence tout monté dans la Figure générale,
*Pl.* 10 : il feroit à fouhaiter que fur le mur de fondation, & qui porte tout le
poids du parallélépipede & du Quart de cercle, on eût pu pratiquer un arc
azimutal qui pût être de part & d'autre d'un degré au moins : l'index qui
tiendroit au parallélépipede, indiqueroit par un nonius les changements requis
d'azimut, ce qui rétabliroit la hauteur Méridienne manquée, ainfi que le paffage
au Méridien d'un aftre qu'un nuage fixe auroit empêché de voir trois à quatre
minutes avant ou après le paffage de cet aftre au vrai Méridien. Les Aftronomes
favent affez de quelle importance il eft quelquefois de conclure exactement
ces hauteurs & ces paffages, qu'on n'a fu voir dans le champ d'une lunette où
l'aftre refte à peine deux minutes à la pendule. Il n'eft pas douteux non plus

que fachant le paffage & la hauteur d'un aftre par un vertical qui différeroit peu du plan du Méridien, des Tables fubfidiaires dont on a donné quelques effais en 1771 dans l'*Aftronomie Nautique*, n'y fuppléaffent comme il convient au défaut des hauteurs Méridiennes abfolues, & qu'il en feroit de même pour leurs paffages, l'azimut étant connu.

Préfentement, de quelque maniere qu'on fe détermine pour conftruire la charpente ou carcaffe d'un grand Quart de cercle, nous allons fuivre le procédé le plus récent publié à Londres en 1768, fachant d'ailleurs qu'en **1751** M. Bradley qui fit conftruire fon fecond ou nouveau mural, en avoit plus d'une fois conféré avec le fameux Graham. Cet excellent Méchanicien communiquoit librement toutes fes vues & le fruit de fes méditations fondées fur une expérience très-longue & réfléchie ; enfin quelque chofe qu'on ait allégué ci-deffus, nous ne diffimulerons pas qu'il pouvoit bien défirer alors que le nouveau Quart de cercle de Greenwich fût effayé fur des matieres homogenes & fans aucun mélange de cuivre & de fer ; mais n'en ayant pas vu l'effet, c'eft aux Aftronomes Anglois qui font ufage depuis fi long-temps de l'ancien & du nouveau Quart de cercle à nous le révéler, au moins en ce fiecle-ci, pour décider à la fin fur le parti qu'il faudra prendre déformais quant à ce qui concerne l'invariabilité, la confiftance & la folidité de la charpente des Quarts de cercles muraux.

J'ajouterai encore qu'on pourroit faire mouvoir dans le fens des hauteurs le Quart de cercle mural fans avoir recours à la vis *a b*, ni au bras de levier *c* de la *Pl.* 2. Nous avons déja averti, *page 2*, qu'on expliqueroit ci-après lorfqu'il fera queftion de la neuvieme Planche, comment on peut reftituer d'à-plomb le Quart de cercle à l'aide de fa crapaudine fupérieure & des vis en fens contraire qui la font mouvoir, ainfi que tout l'Inftrument & le mur ifolé ou parallélépipede : or la crapaudine fupérieure ayant au moins trois de fes roulettes qui portent fur le plan horizontal de l'inférieure, rien n'empêche d'y pratiquer du Nord & du Sud deux plans inclinés fous ces roulettes, mobiles de l'Eft à l'Oueft & au contraire, par des vis de rappel qui feroient retomber toute la maffe dans le fens requis, pour que le fil à-plomb foit rétabli fur le premier point de la divifion : le jeu des vis de la crapaudine fupérieure n'a lieu que lorfqu'il eft queftion de renverfer l'Inftrument, foit du fur-plomb, foit du talud, ce que le fil à-plomb nous indique ; ces vis relevent & abaiffent alternativement les deux roulettes orientale & occidentale ; mais les roulettes du Nord & du Midi n'auront de jeu libre qu'à l'aide des deux plans inclinés dont on vient de parler, parce qu'il n'a été poffible d'adapter le jeu des vis qu'aux deux roulettes des faillies de la crapaudine ; faillies qu'elle fait en effet à l'égard du maffif ou du parallélépipede. *Voy. la Fig.* 1, *Pl.* 10, qui repréfente les deux roulettes du Nord & du Sud, ainfi que celle de la face orientale avec le jeu de fa vis fur la faillie de la crapaudine fupérieure en cette face orientale : il en eft de même de l'autre à l'Occident qu'on n'a pu mettre ici en perfpective.          *Suite*

*Suite des confidérations fur la forme & l'affemblage des Parties qui compofent le Quart de cercle mural.*

Nous connoiffons au moins quatre de ces Quarts de cercles fabriqués tous en cuivre par le même Artifte, & qu'on peut voir à Londres, à Péterfbourg, à Paris & à Cadix. Ils ont 7 pieds & demi de rayon ; les lames de cuivre en fortant du laminoir font réduites à un tiers de leur épaiffeur primitive, & ne font plus épaiffes que d'un quart de pouce Anglois.

On fait d'ailleurs que le pouce Anglois eft de deux tiers de lignes plus court que le pouce du pied-de-Roi , ce pied François étant à celui de Londres comme 12, 000 à 11, 264. Déformais toutes les mefures feront celles du pied de Londres pour les raifons mentionnées ci-deffus. La largeur de toutes les régles d'affemblages & paralleles au plan de l'Inftrument eft de 3 pouces & un quart, & celles de chan feulement de 3 pouces : celles-ci font repréfentées par des lignes ou traits doubles , *Pl.* 1, ayant un quart de pouce d'épaiffeur comme les autres. On a confervé pareillement la même épaiffeur d'un quart de pouce aux platines quarrées qu'on voit repréfentées par des lignes ponctuées, & notamment celle du centre, ainfi qu'à tous les coqs ou pieces de cuivre fervant de doublages, lefquels s'apperçoivent fur la figure 1, qui eft le revers du Quart de cercle.

Les regles principales *A C , D F , a b , c d , e f , g h , i k & l m*, font d'une feule piece , & l'Inftrument étant couché à plat horizontalement enforté qu'il regarde le nadir , *g h , i k , l m*, s'appuyent fur les autres regles : à l'égard des deux arcs, tant celui du limbe que l'autre qui lui eft appliqué de chan & perpendiculairement , l'un & l'autre n'ont pu être formés que de deux pieces, mais qu'on a foudées à la foudure forte par le milieu. Après avoir préparé ces matériaux, il refte à les affembler de la maniere la plus folide & la plus efficace. D'abord on confidérera les jointures *A , B , C D , E, F , H, I*, comme les principales , & parce que les extrêmités des regles de chan ont été préparées à toutes leurs jointures, afin qu'on puiffe réunir leurs forces à celles des regles fur lefquelles elles s'appuyent , cela doit néceffairement contribuer beaucoup à la folidité de l'Inftrument.

Un feul exemple ne pouvant pas fuffire ici pour tous les autres cas , on renverra ci-après aux additions , & on va décrire ce qui concerne ces jointures en *E. a a c c*, repréfente une platine ferrée à vis aux régles *D F , B E , G E , & c d*. Ces platines ont même épaiffeur que les regles ; ce font des efpeces d'équerre dont la partie perpendiculaire *e e*, doit faire corps avec cette platine coudée : *s s t t*, eft auffi d'une feule piece ; enforte que *e e & s s*, avec la regle qui leur eft d'équerre , font toutes affermies & réunies avec dix vis que l'on a fupprimées dans la Figure générale , ou dans celle qui a été gravée à Londres , crainte de confufion : on peut en prendre quelque idée générale par les figures qui y font relatives aux dernieres planches & additions. *s* deffiné en perfpective à la droite de la Figure générale *Pl.* **1** , n'a rapport qu'aux quatre platines quarrées de même que fon profil *r. o* & *q* , fe rapportent mieux aux autres platines des bandes de traverfe diftribuées au milieu des regles de la carcaffe du Quart de cercle , favoir à leur droite & à leur gauche relativement aux regles de chan , auxquelles elles font réunies par des vis. Au refte les regles perpendiculaires ou de champ *B E* & *G E* , font réunies à la piece *t t* , chacune avec quatre vis , & par ce moyen on a réuni la force entiere des fix regles. Il en eft de même des autres parties de l'Inftrument où l'on a réuni toute la force de pareilles régles. *Voyez* les additions & les dernieres planches.

Il eft facile de diftinguer au premier coup d'œil dans cette Figure générale les vis défignées par des doubles traits , & les goupilles fimplement par de petits cercles : on doit avoir foin que les unes & les autres foient tournées coniquement , & qu'elles foient forcées , pour ainfi dire , dans leurs trous ou alvéoles avec toute la vigueur poffible , enforte que par-tout où il y a des vis , elles puiffent pénétrer jufqu'à la furface du Quart de cercle , & auffi peu éloignées l'une de l'autre que les diverfes parties ou fituations ont permis de l'exécuter.

Il faut fur-tout apporter le plus grand foin à dreffer de même qu'à tourner la partie de la vis qui eft pleine & qui entre dans les trous , afin que par-là l'Inftrument puiffe conferver probablement fa même figure , foit dans la pofition horizontale lorfqu'on le fabrique , foit dans la pofition verticale lorfqu'on s'en fervira aux obfervations. Comme cet article pourroit paroître douteux , & comme le chaffis général du Quart de cercle auroit pu n'être pas affez fort , il a fallu , dans ceux qu'on a déja conftruits , n'épargner ni la dépenfe ni les foins réitérés pour lui donner toute la ftabilité ou folidité requife , & c'eft même ce qui a fait imaginer les goupilles qui accompagnent par-tout les vis qui affemblent les regles de l'Inftrument. A l'égard des différentes étoiles qu'on voit dans la figure , marquées par un aftérifque , cela y défigne des têtes de vis qui font fous les regles de chan : on en exceptera néanmoins ce qui eft repréfenté fous les petits coqs ou platines diftribuées de diftance en diftance fous la circonférence de l'arc mural ; ce font les crampons marqués *U* , à gauche dans la Figure générale , & dont il fera fait mention ci-après.

On a déja averti que toutes les lignes ponctuées repréfentent les bords ou épaiffeurs de différentes parties qui font fituées fous les autres , & que celles-ci nous cachent : quant à l'arc deftiné à recevoir les divifions , il eft fixé à un autre arc qui le fortifie & lui fert de doublage par deux rangs de vis diftribuées de cinq en cinq pouces le long du limbe. La grande uniformité n'eft pas abfolument requife en plaçant ces vis ; mais on ne fauroit apporter trop de foins pour les mettre en place, non plus que pour faire enforte que le deffous de l'arc en foit débarraffé, au moyen des têtes perdues & rivées, fans qu'on puiffe les y appercevoir.

On trouve dans l'*Optique de Smith* la defcription d'un équipage inventé en 1725, pour rendre plans les Quarts de cercle placés de niveau fur un plan folide & horizontal : c'eft une équerre armée d'un tranchant ou rafoir par une de fes extrémités horizontales, tandis que l'autre extrémité, qui réunit les deux branches verticales & horizontales, porte un pivot applicable fur le centre de l'Inftrument. De cette maniere, après que la lime & le rabot, à l'aide des regles d'acier bien finies, ont dreffé à très-peu de chofe près le plan du limbe, on place fur ce limbe horizontal l'équerre, & on la fait tourner fur fon pivot ou branche verticale qu'on a foin d'affujétir par en haut par un femblable pivot. Que fi le pivot inférieur porte autant de faillie, ou bien eft de niveau, avec le tranchant du rafoir de la branche horizontale, cet Inftrument donnera fans doute le dernier degré de perfection qui puiffe nous affurer d'avoir mis le limbe dans un plan parfait. L'Artifte célebre Jonathas Siffon en approchoit affez de cette maniere ; mais fes Inftruments de 5 pieds de rayon, faifant reffort, M. Graham lui avoit indiqué l'effet des fix coqs qui pouvoient y réduire l'Inftrument ou l'empêcher de fe voiler, fuppofé qu'il eût fallu le ramener étant mis d'à-plomb à un plan parfait. Or il n'a jamais été décidé qu'on ait pu obtenir quelque perfection en ce genre, tant que les carcaffes des Inftruments ont été auffi foibles. Son fucceffeur & éleve qui les a conftruits incomparablement plus folides, ne dit pas avoir fait un feul effai pour les rendre parfaitement plans.

Il faut, pour mieux entendre la queftion préfente, la divifer en deux parties : la premiere confifte à mettre les pivots d'à-plomb & l'Inftrument tranchant de niveau avec la pointe inférieure de la branche verticale de l'équerre, en un mot avec le pivot inférieur. On fufpendra pour cet effet un fil à-plomb du haut du plancher, enforte que fa pointe réponde fur le point où s'appliquera le pivot inférieur de l'équerre, c'eft-à-dire, fur le centre immobile du Quart de cercle qui regarde le zénith, étant fixé comme il doit l'être de niveau ou horizontalement dans l'attelier de conftruction. Une piece mobile de droite à gauche & de l'arriere à l'avant, qui recevra l'autre pivot de l'équerre, doit être travaillée au Tour, & fupportée par de la menuiferie ou charpente à la hauteur du pivot fupérieur de l'équerre : on la fixera par de fortes vis lorfque fon centre fera dans la même ligne à-plomb que le centre du Quart de cercle, ce qui y fixera pareillement le pivot fupérieur. Voyez-en d'autres détails *Pl.* 12. Pour en faire ufage, il faut que la piece tranchante qui eft à l'extrémité du bras horizontal de l'équerre, faffe moins l'effet d'un racloir ou tranchant, que celui d'indiquer par le tact les inégalités du plan. *Voyez les Additions.*

Nous tirons de nos fens en méchanique un parti fingulier & très-étendu, fur-tout lorfqu'il s'agit du toucher ; la moindre réfiftance qu'offrira la piece tranchante qu'une vis ( ou chaffis mobile par des vis ) peut faire approcher ou reculer à volonté du plan du limbe ; cette réfiftance, dis-je, prefque infenfible, nous indiquera fucceffivement les erreurs ou les défauts du plan du Quart de cercle.

La feconde partie de la queftion propofée, confifte à s'affurer fi les vis qui font rivées après avoir réuni les deux limbes du Quart de cercle, & la regle ou arc de chan qui les fortifie, ne travaillent pas au point que leur effort nuife fans ceffe à mettre le limbe à divifer dans un vrai plan : nos Artiftes de Paris révélent à ce fujet des difficultés plus circonftanciées, & dont peut-être, a voulu éviter à Londres de nous en inftruire celui qui en a publié la conftruction : celui-ci fe contente de dire qu'il importe peu que le Quart de cercle mural foit abfolument plan, tant que cela n'affectera pas fenfiblement les hauteurs Méridiennes, & il perfifte à recommander pour les paffages l'autre lunette mobile fur fon axe horizontal. Ce n'eft point là le but qu'on s'eft propofé jufqu'ici, comme il en a été déja averti : fans doute qu'on s'eft moins foucié à Londres de rendre un grand mural plan, & d'égale épaiffeur dans toute fon étendue, parce qu'on s'y eft trouvé en dernier lieu déchargé de pareils foins, pour n'en donner uniquement qu'aux divifions des arcs concentriques. La matiere eft fi délicate qu'il faut renvoyer ci-après aux Additions.

Pour ranger ou contenir le Quart de cercle mural dans le plan du Méridien, on avoit employé fix oreillons, à celui de 5 pieds de rayon qui fut conftruit par Siffon en 1743 ; il y en avoit cinq diftribués fur la circonférence, & un feul fur le rayon vertical au deux-tiers de fa hauteur, parce qu'en bas proche le o degré de la divifion, ce rayon vertical étoit callé par celui des coqs qui répondoit au premier des cinq oreillons diftribués fous la circonférence du limbe : ils étoient affermis à l'arc ainfi qu'à la regle de chan. Mais dans le Quart de cercle mural de 7 pieds & demi que j'ai acquis dix ans après, il a fallu en augmenter le nombre, favoir dix oreillons diftribués felon la circonférence de l'arc de chan, & quatre pour la regle de chan du premier rayon ou rayon vertical du Quart de cercle : on y avoit auffi fimplifié les coqs, tels qu'on les voit *Fig.* 5, *Pl.* 1. Ces coqs doivent être fcellés en plomb ou avec le plâtre & le tuileau dans le gros mur. A l'égard des vis en fens contraires appliquées à ces coqs, pour contenir l'Inftrument par fes oreillons dans le plan du Méridien, on a toujours cru néceffaire qu'il y eût des contre-écrous, & c'eft ce qui a été exécuté dans celui de 5 pieds dont je me fers : cela doit empêcher l'inftrument de varier, les vis pouvant fe relâcher, & la pofition du limbe à l'égard du plan du Méridien ceffant par-là d'être conftante & invariable. Il eft aifé de s'appercevoir encore, & de fentir bien-tôt, pour peu qu'on en ait l'ufage, que plus le Quart de cercle mural aura été conftruit avec foin, enforte que fon limbe foit un plan parfait, moins cet Inftrument une fois mis en place, s'y trouvera dans un état forcé, fur-tout lorfqu'à l'aide de fes oreillons

&

& des coqs qui leur correfpondent, on aura cherché à lui faire repréfenter le vrai plan du Méridien. Il eft néceffaire auffi qu'il ait toute la liberté poffible pour fe dilater : cela dépend d'abord de la maniere dont on l'aura fixé fur ces fupports en *H*, *H*, *g* ou *h* de la *Pl.* 2. On fera ( aux Additions ) l'énuméra-tion des pieces néceffaires pour y réuffir. L'un de ces trous *H*, peut être ovale pour donner plus de liberté au Quart de cercle de fe contracter ou de fe dila-ter : car les platines de cuivre qui portent fur les boulons de fer qui font les extrémités cylindriques des foutiens ou potences de fer *g*, *h*, doivent être ho-rizontales & bien planes en-deffous. Dans la Figure générale, *Pl.* 1, on n'a pu marquer les oreillons que par des aftérifques ; mais à droite & à gauche de la Figure générale, on en voit les profils & les détails, ainfi que ce qui concerne les coqs. *x y* eft la face du parallélépipede qui eft les deux tiers de l'épaiffeur du mur inférieur, celui-ci ayant 2 pieds ou 24 pouces & demi d'épaiffeur ; *p χ* repréfente la vue en perfpective d'un des coqs viffé fur une cheville de cuivre fcellée dans le mur ; enfin *K* repréfente une partie de l'arc & d'un des coqs & oreillons ferré entre deux vis mobiles en fens contraire : ces figures détachées font conftruites fur la même échelle que l'échelle princi-pale. *Voyez Fig. 5, Pl. 1.*

Il eft donc inutile d'infifter fur ce que les deux trous noirs qu'on voit au milieu des deux platines quarrées du Quart de cercle *Pl.* 2, font les deux ou-vertures par où paffent les boulons ou extrémités des potences de fer qui le fupportent verticalement, & qu'on rend ici mafqués par deux rondelles de cui-vre : elles ne fervent qu'à empêcher le Quart de cercle de s'en échapper ou à ne le pas trop écarter du mur, crainte d'accidents. Or comme tout le mouve-ment qu'il eft permis de donner à ce Quart de cercle dans le fens vertical doit fe faire fur un feul & unique point, on a choifi pour cet effet le point *H* qui eft à droite. La contre-plaque qui porte en *g* la feconde potence de fer, porte auffi un écrou *a*, par où doit s'introduire la verge de fer *a b* taraudée vers fon extrémité fupérieure, & terminée par un bouton d'acier. Celui-ci fert à élever ou à foutenir, quand elle s'abaiffe, la contre-plaque *g* : de cette maniere l'Inftrument doit tourner un peu circulairement autour du premier point d'ap-pui *H*, qui eft à la droite. La clef ou tourniquet *c*, s'applique à l'extrémité inférieure de la verge *a b*, qu'on a eu foin de contenir par un collet *b*, ou ef-pece d'anneau de cuivre fcellé dans le mur. La verge de fer le traverfant, on fait mouvoir celle-ci par en-bas à l'aide du bras de levier ou tourniquet qui s'y introduit quarrément, le bas de la verge étant quarré ou octogone, à volon-té ; enforte que le levier de cette clef fait faire tel mouvement qu'il eft né-ceffaire à l'Inftrument, pour que le fil à-plomb qui pend du centre tombe fur le premier point de la divifion. Il eft vifible que la contre-plaque n'eft mobile que parce que celle qui lui fert d'appui, & fur laquelle elle gliffe, eft fortement fixée au mur avec des boulons de fer qui le traverfent, & qui étant taraudés par

l'autre bout, font affujétis & fixés à ce mur par des écrous qui ferrent fortement leur tête quarrée & ladite plaque. Il eft avantageux de placer fous les
têtes & fous les écrous de fer des rondelles de cuivre fort épaiffes, & qu'on
a obmis dans la figure ou profil qui eft à la gauche du Quart de cercle *Pl.* 2 :
elles y font néanmoins néceffaires de même qu'une fimple plaque de fer de
l'autre côté du mur femblable à celle qu'on a repréfentée fur le devant de ce
mur. L'une & l'autre doivent même y être encaftrées de toute leur épaiffeur.
En Angleterre on a multiplié lefdites plaques, & on les y a doublées, ainfi que
la contre-plaque, parce qu'on a toujours fuppofé que l'Inftrument devoit fe
détacher de la face orientale pour le placer enfuite fur la face oppofée du mur,
& par-là prendre les hauteurs au Sud & au Nord ; on a voulu auffi y faciliter
la vérification de la lunette au zénith. Mais depuis que nous avons la liberté
de faire tourner le mur & l'Inftrument fur le boulet repréfenté *Pl.* 9 & 10,
il a paru fort inutile d'affigner une contre-plaque de revers à celui des deux
fupports en *H*, autour duquel commence le plus léger mouvement de rotation dans le fens vertical.

Il fuffit feulement d'ajouter aux plaques qui font à l'autre face du mur une
regle de fer qui porte dans fon milieu une barre d'équerre ou bras de levier
avec un poids de cinquante livres, qu'on éloignera fuffifamment du mur pour
qu'il faffe équilibre avec le poids total du Quart de cercle.

En effet, nous avons deux fortes d'équilibres à obferver en pareil cas : le parallélépipede fervant de mur qui porte l'inftrument *Pl.* 10, eft un peu entaillé
par en-haut pour y placer tout l'équipage qui doit contre-balancer le poids
de la lunette : fi cette bafcule, le plomb & la lanterne ne fuffifent pas pour
fuppléer au poids des pouces cubes du mur qu'on a retranchés, il eft aifé de rétablir l'équilibre fur le boulet, en chargeant, de ce qui s'en manque, la partie
oppofée du parallélépipede.

Mais le Quart de cercle pefant fur fes fupports en *H*, ( ou bien en réu-
niffant le poids total fur le milieu de la ligne *H H*, ) affez pour qu'il foit néceffaire de contre-balancer cet effort de l'autre côté du mur ; il s'enfuit qu'au-
lieu d'un pareil poids tel que mille livres, par exemple, on y fuppléera par
un moindre poids & un bras de levier qui fera d'autant plus éloigné de la parallele à *H H*, laquelle il eft facile d'imaginer de l'autre côté du mur, que ce
poids qui doit balancer le Quart de cercle fur le boulet d'appui, eft moindre
que celui de l'Inftrument.

Planches 2 & 8, *dd* eft une ligne à-plomb ou fil d'argent avec fon poids cylindrique creux en cuivre, fi on aime mieux s'en fervir que d'une fimple balle
de quatre à cinq onces, parce qu'en ce cas on le fait plonger dans l'eau étant
percé de petits trous à fa bafe inférieure, & dans fon pourtour afin de donner à l'eau un paffage libre tant au-dehors qu'au dedans auffi-tôt qu'il y plonge ;
on veut par-là faire ceffer plus vîte fes vibrations : à la furface ou bafe fupérieure,

il y a deux trous plus gros pour y faire tomber de menues balles ou dragées de plomb en affez grande quantité, pour que le poids puiffe tendre fuffifamment le fil d'argent fans le rompre. Or dans le prolongement de la ligne horizontale qui paffe par 90 degrés & par le centre, on voit fur la platine du centre un point qui eft défigné par un dard ou index, & pareillement fe trouve en bas fur le limbe un autre point défigné comme l'autre par un dard : il eft placé dans la tangente qui paffe par le premier point de la divifion de l'arc ou o degré. Quant au point qui eft marqué fur la platine du centre, il a été marqué précifément à la même diftance du centre du Quart de cercle, que l'autre point l'eft de o degré fur l'arc ; il faut feulement obferver ici que la diftance du point d'en-haut a été mefurée relativement au centre d'un cylindre très-menu, *Pl. 4 , Fig. 9* , qui s'adapte dans un autre cylindre folide & creux qui forme le trou du centre de l'Inftrument. *Voyez Fig. 7 & 8.* Cet ouvrage eft fort délicat & doit fortir des mains les plus habiles dans l'Horlogerie, parce qu'ils doivent être tournés parfaitement ronds. Le cylindre d'acier, *Fig. 9* , porte au centre de fa bafe un point très-fin, lequel affleure le plan de la platine du centre, autrement les deux points fufdits ne feroient plus dans une ligne parallele à celle qui paffe au premier point de la divifion & au centre du Quart de cercle. Au refte c'eft du centre de ce cylindre d'acier , trempé dur, qu'on a tracé les arcs du limbe qu'il a fallu y divifer.

La Planche 4 , *Fig. 5 & 6* , repréfente les faces antérieures & poftérieures de l'extrémité de l'alidade qu'on fait entrer dans le canon du centre de l'Inftrument : on apperçoit aux Pl. 2 & 8 , une rainure ou cercles ombrés fur la platine du centre, laquelle eft deftinée à recevoir un anneau qui fait corps avec les pieces de l'extrémité de la lunette, cette rainure étant concentrique à la piece de métal qui forme le canon du centre. Or cet anneau ne doit jamais toucher les côtés ni le fond de la rainure, n'étant deftiné qu'à empêcher la pouffiere, jointe aux huiles ou à l'humidité, de s'attacher au canon, c'eft-à-dire, au cylindre de la platine du centre & à fon collet. Dans la premiere figure , *Pl. 2 & 8,* on voit un cercle intérieur où font défignées les têtes de quatre vis qui s'y placent à demeure , parce que c'eft le canon ou cylindre fur lequel fe meut le Télefcope : la figure *n*, en repréfente le profil , ainfi que les figures 1 & 2 , de la Planche 4. Il eft de métal de cloche , ou métal dur, auquel on donne un poli parfait : on en voit auffi le plan dans la figure 3 ; car il faut favoir que la grande platine du centre eft doublée par une contre-plaque , *Fig. 1 , Pl. 4 ,* laquelle s'y place au revers à l'aide de quatre vis à têtes perdues , & des pieces de cuivre coudées à l'équerre qui s'y attachent, ainfi qu'aux regles principales du Quart de cercle, comme cela fe voit à la Planche 13 , c'eft-à-dire, au revers de cette platine du centre : on a enfin la fection perpendiculaire ou profil d'une coupe de la lunette & platine du centre qu'on voit *Pl. 4 , Fig. 4.* *A B* , eft la coupe du tube de la lunette vis-à-vis du centre, ou tant foit peu

au-deſſus, lorſque la lunette eſt horizontale : *C D*, eſt la piece de cuivre ſolide qui la réunit par quatre vis, dont on en voit deux *E* & *F*, à la grande
piece des figures 5 & 6 : *G K*, en eſt le profil. *g k*, répond à la rainure
dont on vient de parler ; au lieu que *G H, I K*, ſont deux pieces de
métal dur, polies au Tour, afin que la concavité cylindrique puiſſe y recevoir
la piece ſolide de même métal *A B*, des figures 1 & 2, de la même Pl. 4 ; dans
la même figure 2, on voit en lignes ponctuées le canon, *Fig.* 7, qui porte l'axe
& le point du centre de la figure 9 : la figure 8, indique ce canon, lequel entre,
ainſi que la partie *A B* de la figure 2, dans le cylindre creux *L N M O*,
de la figure 4, qu'elle remplit.

Pour ſuſpendre le fil à-plomb, on a imaginé un reſſort latéral qui s'applique au haut de la platine du centre à gauche ; ce n'eſt qu'une piece de cuivre
coudée à l'équerre, compoſée de deux petites lames, dont celle qui recouvre
par en-haut ladite platine du centre ſupporte le fil à-plomb, comme cela ſe
voit, *Fig.* 1, *Pl.* 2, ou bien plus en grand en la Planche 8. Il y a un trait ſur la
piece coudée ou lame horizontale de ce reſſort : non-ſeulement cette lame
recouvre par en-haut l'angle à gauche de ladite platine, mais la déborde auſſi
tant ſoit peu, afin que l'épaiſſeur du fil à-plomb, qui paſſe ſur le trait, ſoit
un peu éloignée tant de la platine que du limbe d'en-bas, enſorte qu'il effleure l'un & l'autre. On attache d'abord le bout de ce fil à-plomb derriere la
platine du centre ou à revers avec une petite vis à main, & on le fait paſſer
par-deſſus la piece du reſſort qui recouvre la platine en-deſſus, & par le trait
qui y eſt tracé d'équerre à la ſurface de la même platine. Or à l'aide du reſſort *d*,
& de la vis *e*, qui le réprime ; on réuſſit à faire paſſer enfin ce fil à-plomb : il doit
tomber parallelement au premier rayon paſſant par o degré en bas ſur le limbe,
ou plutôt ſur le point marqué proche un dard, de même que par le point
ſemblablement marqué en-haut ſur la platine du centre. L'inſpection des deux
figures, *Pl.* 2 & 8, indique aſſez l'uſage de ce reſſort. Un ſimple plomb ſuffi-
roit d'ailleurs pour tendre le fil d'argent ; mais on peut le varier comme il a
été dit *pag.* 14, où le laiſſer tel que la figure nous l'indique. On n'a point trop
inſiſté ſur le tâtonnement qui doit ſe faire en-bas à l'aide de la clef *c*, & en-
haut à l'aide du reſſort *d*, *Pl.* 2, parce qu'il étoit tout naturel d'imaginer qu'un
eſſai étoit néceſſaire, pour faire paſſer le fil à-plomb par les deux points d'en-haut
& d'en-bas, leſquels ſont indiqués chacun par un dard dans la figure 1.
On apperçoit dans les mêmes Pl. 8 & 10, les équipages *F f, H I*, qui
portent, *Fig.* 2 & 3, les louppes pour diriger la vue, & s'aſſurer par-là avec la plus
grande préciſion que ce fil à-plomb paſſe par les deux points : on a donné au
tube environ 4 pouces & demi de longueur, avec un diaphragme percé d'un
très-petit trou du côté de l'œil, ce qui eſt néceſſaire pour éviter l'effet d'u-
ne parallaxe ; car elle auroit lieu ſi on regardoit par ce tube & par la louppe,
le fil à-plomb autrement que leur centre ou axe, comme il eſt aiſé de s'en

aſſurer

affurer fi on le dérange au point qu'il s'écarte du milieu du champ de cette loupe, laquelle eft montée à l'autre extrémité de ce tube. On voit auffi par les détails de la figure 3, *Pl. 8*, que ces tubes gliffent dans un autre qui fait corps avec tout l'équipage qui les porte, afin que les myopes ou les prefbytes puiffent les fixer au foyer de la loupe qui convient à leur vue. On voit auffi dans la même Planche 8, les autres loupes d'un foyer plus court, deftinées à regarder les divifions du limbe : *A A*, eft l'équipage qui porte la double loupe pour chacun des deux arcs divifés avec fon nonius, & *B*, celle qui eft deftinée à la divifion intermédiaire par points fur le même limbe. Comme il a fallu un plus grand champ, fur-tout pour les deux premiers arcs, & leur arc de nonius, on ne leur donne en conféquence qu'un pouce & demi de foyer, les tubes doubles n'ayant gueres que cette longueur : après les avoir exprimés de grandeur naturelle, on les voit dans la Planche 10, mis en place fur le limbe du Quart de cercle mural. Les équipages qui les portent, font formés de lames & d'un reffort en cuivre, ce qui affujétit les deux pieces d'ivoire *IK*, à s'appuyer conftamment & à gliffer fur telle partie du limbe où il puiffe être néceffaire de les préfenter. Il n'en eft pas de même des tubes & équipages qui concernent le fil à-plomb : ceux-ci ne fauroient fe maintenir en place à l'aide d'un reffort & de leur frottement, le bras de levier feroit trop long ; il a donc fallu les y contenir par des vis à main qui les refferrent à l'aide d'une agraffe derriere leur platine ou limbe, à la maniere des vis de rappel ou plutôt de la vis du micrometre extérieur, dont il fera queftion ci-après.

A R T I C L E  S E C O N D.

*De l'Alidade & Lunette ou Télefcope du Quart de cercle mural.*

**D**ANS la figure 10, on voit fans difficultés l'affemblage général des parties de l'Inftrument, lequel a un Télefcope monté fur fon alidade avec le contre-poids, lanterne & chaffis qui le balancent, c'eft-à-dire, qui le retiennent en équilibre à mefure qu'il s'éleve ou qu'il s'abaiffe, ainfi que fa vis de rappel fervant de micrometre extérieur : mais nous commençons dans la Planche 3 à en détailler toutes les parties, cet affemblage étant au premier coup d'œil trop compliqué pour qu'il ne foit pas dans le cas d'être décompofé ; nous allons ainfi en parcourir fucceffivement toutes les parties. La figure 1, repréfente le tube avec les deux regles qui font affermies d'équerre à fes extrémités. On a déja parlé de celle qui concerne le centre, *Pl. 4*, là où les figures 5 & 6 en indiquent tous les détails : l'arc de nonius qui eft à l'autre extrémité du tube forme la feconde regle, telle qu'on la voit plus en grand aux Planches 6 & 7.

*A B*, de la figure 1, *Pl. 3*, eft la platine ou regle dreffée par fes deux bouts, & qui s'applique fur celle du centre ; elle eft décrite plus en grand aux figures 5 & 6 de la Planche 4, ainfi que fon profil à la figure 4 ; enfin celui de la douille *C D*, à laquelle le tube a été rivé & foudé fortement : on n'a pas même oublié d'y repréfenter le cylindre creux ou anneau d'acier trempé *b b*, qui peut tourner autour du cylindre folide du centre. On n'ignore plus que des métaux de différentes natures s'ufent moins que ceux d'un même métal, lorfqu'ils font parfaitement polis, fur-tout fi les frottements s'opérent aux obfervations fréquentes en les faifant tourner l'un fur l'autre. C'eft une des raifons pourquoi M. le Camus fit tourner en acier l'axe d'un Inftrument des paffages, parce qu'il devoit bien moins ufer fur fes couffinets que s'il eût été de la même matiere que ces couffinets qui font ordinairement de métal de cloche. Tous les Artiftes font dans l'ufage d'employer différents métaux en pareils cas, lorfque les frottements font fréquents & inévitables, & il y a fort long-temps qu'on le pratiquoit aux genouils de nos Quarts de cercles mobiles. Mais la rouille eft fort à craindre, foit à ces anneaux des platines de la lunette du Quart de cercle mural, foit aux axes dont nous venons de parler : il n'y a d'autre remede à ces fâcheux accidents que de conferver foigneufement, & de polir extraordinairement les pieces d'acier faites au Tour.

Quant à l'autre extrémité *D C*, de la lunette repréfentée *Fig.* 1, *Pl.* 3, au-delà d'une boîte quarrée, comme il n'eft pas encore queftion des détails de cette boîte quarrée, ni de ce qui va en être dit relativement aux Planches 5 & 6, on fera d'abord attention que la portion de l'arc où font gravés les nonius & qu'on y a fixée fous cette boîte quarrée, repréfente une regle parallele à *A B*, & dreffée par fes deux bouts : elle lui eft parfaitement égale, étant dans un même plan, l'une de ces regles pofant fur la platine du centre, & l'autre fur le limbe du Quart de cercle.

A cette regle *D C*, on ajoute un petit chaffis de cuivre qui porte par fes extrémités un fil d'argent tendu & retenu fous deux vis, comme cela fe voit d'une maniere plus détaillée dans les figures 1 & 3, *Pl.* 6, que dans la feconde figure de la Planche 3. Ce fil d'argent paffe en-deffous dans deux traits affez profonds pour y contenir fon épaiffeur entiere, & il eft dirigé au centre du Quart de cercle qui eft le même que celui de l'alidade ; on a choifi pour cet effet du fil d'argent d'environ la 600ᵉ. partie d'un pouce en groffeur, & il fert uniquement dans les cas les plus importants, lorfqu'il s'agit des points, & non pas des traits du limbe où s'appliquent les arcs de nonius. La maniere de difpofer & de fixer ce chaffis à la platine du nonius fe conçoit bientôt à l'infpection des figures 1 & 3, de la Planche 6. A la vis *Q*, s'adapte un tourne-vis applicable à une tête quarrée, & qui y fait mouvoir la vis, dont l'écrou eft fixe fur la platine du nonius : en *V*, fe place une vis moitié taraudée & moitié cylindrique. Après qu'on a appliqué au bout de ces arcs de nonius le chaffis de la figure 3, le talon *q*, preffé par la vis, fait avancer le chaffis, lequel eſt d'ailleurs contenu dans ſon paralléliſme par la vis $V$, les rainures & la piece $q$, qui porte l'écrou où ſe fait le jeu du chaſſis à l'aide de ſes deux fentes oblongues.

On plaçoit autrefois le tube ou téleſcope ſur une regle qui partant du centre ſe terminoit aux diviſions du Quart de cercle ; mais il eſt aiſé de concevoir que le poids de cette regle eſt ſuperflu, & qu'il ſuffit d'en repréſenter les deux extrémités réunies au tube auquel elles ſont affermies avec des têtes perdues : on les dreſſe avec des regles d'acier qui ayant plus de longueur que le téleſcope ſervent à indiquer ſi ces bouts de regle de cuivre, des deux extrémités du tube, ont la même direction, en un mot ſi elles ſont dans un ſeul & même plan. La figure 3 de la Planche 4, nous repréſente une piece de cuivre percée de quatre trous, parce qu'on l'applique, avec autant de vis, ſur le cylindre du centre lorſqu'on y a fait entrer l'alidade : cette piece ſert à retenir l'alidade & ſon téleſcope ſur ce cylindre : elle l'empêche de s'y mouvoir autrement que dans le ſens de ſa rondeur, comme auſſi de s'échapper de ce cylindre central, où elle retient cette alidade ; elle le préſerve auſſi de la pouſſiere, parce qu'elle déborde tout autour cette face antérieure du cylindre.

Dans les petits Inſtruments le frottement des alidades ſur le limbe, ou du moins ſur un limbe ſecondaire & qui lui eſt parallele, parce qu'il le déborde en-deſſous ; ce frottement, dis-je, ſe néglige étant de peu de conféquence ; mais à cauſe du grand mouvement de la lunette, lorſqu'il s'agit des plus grands Quarts de cercles, M. Graham a imaginé d'y appliquer des roulettes : elles ſont aujourd'hui de deux ſortes, les unes en-deſſus de la boîte quarrée, & qui ſoulagent le frottement du limbe, & les autres en-deſſous *Pl.* 7, *Fig.* 1, y ayant un reſſort très-fort qui les y aſſujétit, ainſi que l'alidade, contre le limbe.

On voit les roulettes ſupérieures en $A$, $B$, *Pl.* 6, *Fig.* 1 *& 2* ; en tournant avec une clef quarrée les vis $t$ & $t$, on les fait approcher ou reculer du limbe, juſqu'à ce qu'elles y poſent à peine, parce qu'elles ſont fixées chacune à un chaſſis mobile. La figure 3, *Pl.* 5, indique très-clairement la conſtruction d'un de ces chaſſis, qu'on a rendu encore plus détaillé & en perſpective aux *Fig.* 4, 5 *& 6.*

On apperçoit auſſi dans la Planche 3, *Fig.* 3, une vis de rappel $d d$, qu'on a voulu enfin faire ſervir de micrometre extérieur. L'avantage de ces micrometres extérieurs a paru lorſqu'on les a pouſſés à leur plus haut point de perfection aux grands ſecteurs que fit conſtruire autrefois le fameux Graham : on peut en conſulter la deſcription qu'en a donnée M. le Camus. Mais il y avoit moins de préciſion à attendre en les appliquant aux Quarts de cercles muraux, n'étant pas poſſible juſqu'ici de les y appliquer autrement qu'à la façon des vis de rappel : il a donc fallu peu-à-peu chercher à perfectionner celles-ci, ce que l'uſage & la réflexion ont introduit ſucceſſivement de la maniere fuivante. On doit choifir la vis la plus parfaite pour modele , ayant foin que fes filets ne foient pas trop écartés , mais au contraire les plus ferrés qu'il fera poffible , & on s'en fert, fi elle eft d'acier bien trempé, à perfectionner l'écrou d'une filiere double ou brifée. Lorfqu'en 1738, la vis du fecteur de M. Graham fut volée dans la maifon éloignée où on avoit logé ce fecteur au Nord de Paris, M. le Camus fe chargea d'en fubftituer une autre qui fût au moins auffi parfaite : le choix d'un acier homogène doit précéder toute l'opération ; & lorfqu'après avoir perfectionné & taraudé nombre de fois la nouvelle vis , on veut la durcir à la trempe, comme elle y prend d'abord quelque courbure , ce qui eft inévitable , on la fait recuire plufieurs fois pour la redreffer abfolument ; enforte que ce n'eft pas fans peines exceffives , ni fans plufieurs effais & tentatives réitérées qu'on parvient quelquefois à y réuffir. L'Obfervateur ne doit donc pas être étonné fi les pas des vis ordinaires dont les filets paroiffent même à la loupe fenfiblement égaux, donnent de l'incertitude ou des marches inégales pour des révolutions entieres , ainfi qu'on s'en apperçoit à la plupart des micrometres dont on fe fert : on y a donc fuppléé, quand il a été poffible , par une marche indiquée plus fûrement à l'aide des divifions de nonius. D'ailleurs aux alidades des Quarts de cercles muraux, la vis ne fait mouvoir le nonius ou le chaffis qui marque les divifions qu'à l'aide de fon écrou mobile que porte cette alidade ; au lieu qu'aux fecteurs dont on fe fert pour obferver au zénith , comme la lunette y ofcille de même qu'un pendule , il eft bien plus fûr d'y repouffer cette lunette par la vis, fi elle vient à fa rencontre , parce que cette vis fe préfente par fa pointe conique vis-à-vis d'un plan parfaitement poli , lequel eft un miroir d'acier dur, & qu'elle n'y appuie qu'autant qu'il eft néceffaire , à l'aide du contre-poids & de la chaîne à mailles qui lui font faire l'effort fuffifant pour déplacer la lunette & l'amener infenfiblement à la direction qu'on s'y propofe.

Cette vis formant un micrometre extérieur *d d*, fe voit d'abord dans la figure 1, *Pl.* 3 ; elle eft recouverte de tuyaux de cuivre tant foit peu plus gros, pour la garantir de la pouffiere & de l'humidité ; comme cela fe voit au bas de la figure 1, *Pl.* 6, où au-deffus de la figure 2, *Pl.* 7, où elle paroît de grandeur naturelle : on l'a faite affez longue pour qu'on puiffe avoir la liberté de mettre en place fans obftacles, & de pouvoir diftinguer les divifions à travers les louppes montées , *Fig.* 1, *Pl.* 10 : on y a auffi ajufté l'agraffe d'une part, & la platine du télefcope de l'autre , en forte que ladite vis étant à moitié paffée dans fon écrou ou noix qui l'affujétit , foit en ce cas perpendiculaire à l'axe du télefcope ; en un mot qu'elle y forme fenfiblement des angles droits lorfqu'elle doit s'allonger ou qu'elle doit tant foit peu fe raccourcir , les tangentes & les arcs , ou bien les arcs & les cordes qui font doubles des finus , ne variant pas en longueur fenfiblement jufqu'à dix-huit minutes : on ne demande pas d'ailleurs ici une exactitude abfolument rigoureufe , d'autant

que

que le nonius n'y parcourt en ce cas que des demi-minutes, & que la vis, au lieu de l'estime, supplée aux divisions intermédiaires. A l'autre extrémité de la vis, *Pl. 6, Fig. 2*, est un index *d*, qui a un rayon tant soit peu plus grand par sa partie opposée que le demi-diametre de la platine, afin qu'on puisse mouvoir ainsi tout l'index mobile, sans faire remuer pour cela la platine : ce n'est à proprement parler que le volant d'une virole qu'on a ajustée sur le canon *b* de la Fig. 9, Pl. 7, enforte que la vis & la platine divisée peuvent tourner sans mouvoir l'index, comme celui-ci le peut faire indépendamment de l'un & de l'autre. *b b*, sont deux épaulettes coniques ou anneaux de métal de cloche qui se terminent en tubes roulants sur la vis : les pieces *F G, Fig. 8, 12*, sont renfermées entre deux chappes ou collets *b b*; l'index est d'une seule piece avec son canon *a a* : *n*, ou *FG*, est pareillement une noix de métal de cloche avec son écrou, dans laquelle entre la tige de la vis du micrometre. La partie taraudée de la vis étant d'acier, on l'a brasée dans la verge cylindrique de cuivre en *t*; & la ligne ponctuée représente (*Pl. 7, Fig. 2*,) une goupille qui la traverse, & en *B*, une autre goupille à angles droits qui traverse ladite verge & la vis d'acier. *H H, Pl. 6 & 7, Fig. 1 & 2*, représentent les deux tubes de cuivre très-minces dont il a été parlé, lesquels sont attachés par l'anneau de leur base avec de petites vis à la noix *n*, pour empêcher la poussiere & les corps hétérogenes de pénétrer dans les filets de cette vis du micrometre. *S, Fig. 1*, représente l'axe en *s*, de la seconde figure *Pl. 3*, de même que *q q* un autre collet de métal de cloche ainsi que la virole de l'avant *c*, vers le bas de la platine ou agraffe *T, Pl. 6, 7*, & *t* dans la seconde figure *Pl. 3* : sous *c*, collet de même métal, mais plus épais que l'axe, est une goupille telle que l'indique la figure 4, *Pl. 7, e*, est une vis qui retient les deux collets réunis : la partie à travers laquelle elle passe, est taraudée au bas de la platine *T*, laquelle sert d'agraffe sur le limbe. En *b & b, Fig. 11, Pl. 7*, sont deux vis qui par leurs pointes entrent dans deux petits trous coniques du collet de métal *F G, Fig. 8*, qui sont destinés à les recevoir, afin que tous les mouvements de la vis puissent être libres en tous sens, & semblables aux mouvements variés du poignet, qu'on imite par là à l'aide de deux axes à angles droits.

Il en est de même en *s*, de ce qui concerne la noix *n*, & l'écrou *f g* de la vis du micrometre : on peut y procurer pareillement tous les mouvements du poignet par deux axes mobiles à angles droits qui s'appuyent sur deux différents collets au chassis quarré *f g*, de métal de cloche. Voyez-en tous les détails à la Planche 7, Figures 1, 12.

On apperçoit aussi dans les Planches 6 & 7, *Fig. 1, 3 & 4*, d'autres détails circonstanciés des parties qui composent l'agraffe ou espece de platine qu'il est nécessaire de serrer fermement contre les bordures & revers du limbe, sans fatiguer ni endommager ce limbe, afin que le jeu naturel de la vis, ainsi retenue dans une position constante, procure en la tournant un mouvement à l'écrou *n*, *Pl. 6*, *Fig.* 1 & 2, & par conséquent à la lunette de l'alidade. Dans la Planche 3, *Fig.* 2, le petit cercle qu'on apperçoit proche le limbe au bas de l'agraffe, repréfente la tête plate & guillochée de la vis *A*, *Pl. 6 & 7*, dont l'ufage eft de ferrer cette agraffe contre le limbe ; & la ligne ponctuée qu'on voit encore *Pl.* 3, des deux côtés de cette vis, repréfente ce que l'on apperçoit bien mieux aux Planches 6 & 7, *Fig.* 2, 3 & 5, favoir la piece de cuivre oppofée *C D*, à travers laquelle la vis paffe pour ferrer l'arc ou plutôt le limbe *L M*, *Fig.* 3, entre cette piece de l'arriere & l'agraffe *T*.

Lorfqu'il fut queftion, il y a plus de cinquante ans, d'appliquer le niveau à bulle d'air à l'axe de l'Inftrument des paffages, pour faire décrire à la lunette de cet Inftrument un cercle vertical, M. Graham parvint à remédier en quelque forte à la flexion de la lunette, au cas que par l'effet de fon poids felon les divers degrés d'inclinaifon, on eût été dans le cas de vouloir obvier aux erreurs dans les déclinaifons obfervées. Pour cet effet, cette lunette fut embraffée par un double réfeau de lames de cuivre pofées fur leur épaiffeur ou fur le chan, tel qu'on les voit à la lunette *A C*, *Fig.* 1, *Pl.* 3, du Quart de cercle mural. On n'a pas voulu ceffer de les appliquer aux télefcopes des grands Quarts de cercles muraux, cet équipage étant de nature à empêcher le plus qu'il eft poffible la flexion de la lunette. *A B D C E F*, eft le double réfeau formé de lames de cuivre bien écrouies de 7 lignes & demie de largeur, fur un tiers de ligne d'épaiffeur. *c e*, *i k*, *d f*, *g h*, *e c*, font des demi-anneaux ou collets en cuivre, dont chaque empattement de forme circulaire s'ajufte avec quatre vis fur le tube : pareillement fur l'oreillon de chaque collet s'adaptent les lames, chacune avec deux vis. Chaque regle eft fimple ; mais celles qui les joignent enfemble aux collets ou demi-anneaux font doubles néceffairement, puifqu'il a fallu les placer de part & d'autre de ces collets ou demi-anneaux qui les affemblent par leurs extrémités. Elles font laminées ou battues à froid au point qu'elles font reffort ; elles plient donc bien moins par cette raifon, étant dans un même plan, puifque leur flexion ne fauroit fe faire que fur le chan ou la partie tranchante de ces regles de cuivre. Si l'on donne bien-tôt au Public la defcription fi long-temps attendue & tant defirée de l'Art du Charpentier ; fi l'on a foin d'en établir fur-tout les vrais principes, on verra dans l'inftant que l'Auteur de l'équipage ou réfeau dont on vient de parler, n'ignoroit pas les regles ni les principes fondamentaux de cet Art, lorfqu'il en a emprunté ce qui pouvoit remédier aux flexions des longs tubes de nos lunettes ou télefcopes : il en eft de même de la conftruction du pied pyramidal du Secteur de Graham, que M. Camus ne juge<sub>a</sub> pas à propos de faire démonter, ni deffiner par parties, lorfqu'il fut queftion de donner la defcription exacte de ce Secteur : cela eût interrompu les obfervations des étoiles voifines du zénith, & le travail fur les réfractions. Or ceux qui poffedent l'Architecture navale ont fourni les moyens fi fimples de

brifer les trois pieds pyramidaux qui foutiennent l'hexagone de ce Secteur, &
de les affembler enfuite par des doublages & des rainures; en un mot les moyens
de les fortifier par des jumelles, lorfqu'il s'agiffoit, à leur fortie des boîtes
d'emballages, de les élever à une hauteur d'un tiers au moins plus grande,
qu'elles ne le font, étant démontées. Mais ceci foit dit en paffant par occafion ;
revenons à notre fujet.

La Figure 3, Planche 3, défigne un chaffis d'un demi-pouce d'épaiffeur, de
bois d'Inde très-dur, *A B C*, fortifié par quatre traverfes & par une regle de
chan *D E*, du même bois; celle-ci lui eft affemblée pour empêcher la flexion latérale du plan de ce chaffis : on va bien-tôt en voir l'ufage.

Lorfque la lunette d'un fi grand Quart de cercle eft placée fur le cylindre
du centre, fon poids devenant trop incommode à mefure qu'elle s'approche de
la fituation horizontale, on prévient les divers accidents & l'effet de la moitié
d'un fi grand poids fur la vis du micrometre, aux fituations horizontales, en les
retenant en équilibre par un contre-poids.

Ce contre-poids eft fitué vis-à-vis de l'angle fupérieur & faillant du parallélépipede qui porte le Quart de cercle mural; ainfi ce mur s'en trouve chargé,
& non pas l'Inftrument : enfuite on a établi un équipage compofé de leviers
avec des doubles bras coudés de la maniere fuivante. On voit déja, *Fig.* 4, l'axe
*A B*, autour duquel agit le contre-poids de la lunette ; il eft fixé fur le mur
dans l'entaille qu'on a eu foin d'y pratiquer à gauche, favoir au haut du parallélépipede, tel qu'on l'apperçoit *Pl.* 10. Les bouts de cet axe, *Pl.* 3, *Fig.* 4,
font arrondis à un pouce d'épaiffeur, ainfi que les couffinets fcellés en plomb
faifant corps avec la bande horizontale de fer qui les joint : ces couffinets font
brifés ainfi que les repréfente par en haut la Figure 5 ; & au lieu de la barre
horizontale, on peut fceller d'abord le crampon de la Figure 6, & le couffinet forgé de la Figure 5. On fera affujéti, avant que de placer cet axe horizontalement, à en fixer un autre, & les deux couffinets dans la direction du centre ;
ce qui fe pratique au moyen d'une piece de bois de même groffeur arrondie
au tour à 1 pouce d'épaiffeur, & qu'on fait entrer dans les cylindres creux tant
du premier couffinet ou crampon, que de l'autre couffinet qui eft le plus à
portée de la platine du centre : on fait paffer enfuite à travers la platine qui recouvre le centre un autre cylindre de métal de 1 à 2 lignes ; il eft taraudé par
une de fes extrémités, & doit entrer dans l'écrou qui eft fixé à l'extrémité de
la piece de bois arrondie : quand celle-ci pofe enfin très-librement fur les
couffinets, fa broche ou cylindre de métal paffant par le centre du Quart de
cercle, alors il eft temps de fixer & de fceller en plomb ces couffinets : on re-
couvrira enfuite la face du couffinet qui eft à gauche, c'eft-à-dire, latérale-
ment en-dehors, avec une platine très-mince pour empêcher l'extrémité *A*,
*Fig.* 7, de l'axe de fer d'y avoir un jeu trop libre, & pareillement on recou-
vrira la face de celui de la droite, qui regarde l'Inftrument, pour empêcher le
jeu trop libre de l'autre extrémité *B* de l'axe de fer.

Au milieu de cet axe *A B*, autour duquel doit se faire tout le mouvement du contre-poids, s'ajuste une double équerre de fer *D C E*, sur laquelle glisse le gros plomb *P*, traversé par un tuyau quarré de cuivre *F G*, & qu'on fixe à volonté par deux vis sur tel endroit, *Fig.* 7, vers *E* de ce bras de levier où il sera nécessaire d'arrêter ce poids d'environ 80 livres. C'est ce plomb avec la lanterne, &c. *Fig.* 8, qui doit être en équilibre avec la lunette & toutes les parties qui sont de sa dépendance, telles que le chassis de bois, le réseau, l'arc de nonius & les chassis de fils qui précédent l'oculaire. Quand le télescope du Quart de cercle est horizontal, le bras de levier *D C E*, de la Figure 7, prend alors la même situation; mais il devient vertical lorsque la lunette pointe au zénith. Pour exécuter ces mouvements & y réussir, on a construit une seconde verge de 5 pouces, coudée doublement & servant aussi de bras de levier *Fig.* 7 & 8 : la partie *I K* doit être assez longue pour que son extrémité *K* se trouve au-dessus du tube sans y appuyer ni exercer le moindre frottement à l'égard de ce tuyau de lunette ; & la partie *K L*, qui porte des écrous en *K* & *L*, est d'environ un pied ; ensorte que la plus large extrémité du chassis de bois, *Fig.* 3, laquelle est garnie de pieces de cuivre, s'y ajuste avec des vis en *k*, *l*. Ces deux pieces *k* & *l*, de quatre lignes d'épaisseur, & qui excédent tant soit peu l'épaisseur du bois, étant jointes à la barre plate *K L*, sont mobiles sur une grosse charniere ou cylindre d'un pouce d'épaisseur, laquelle tient à une piece ou quarré long plus mince, fixée en *g* & *h* dans l'épaisseur du bois du chassis : elle est fortifiée avec des doubles platines de cuivre qu'on y a affermies avec des goupilles rivées. La Figure 2, en représente un profil & même tout l'ensemble : enfin le point *V*, qui est à l'autre extrémité du chassis de bois, représente la vis d'appui par où toute cette machine tient, à l'aide de cette vis d'acier *V*, à une platine qui s'éleve de la boîte quarrée de la lunette. Aucune des parties de cette machine ne touche au Quart de cercle, ni même à la lunette ou alidade, si ce n'est par le point *V*, où elle la soutient, pour la mettre en équilibre. Il est évident qu'on ne peut parvenir à trouver désormais cet équilibre qu'en faisant glisser le plomb *P*, ainsi que la lanterne qui est chargée de plomb en-dessous *Fig.* 7 & 8, vers *E*, ou au contraire vers *D C*, jusqu'à ce qu'on ait apperçu la lunette placée horizontalement en équilibre avec ces contre-poids. On voit *Fig.* 8, 10 & 11, la maniere dont la lanterne s'adapte au bras de levier avec une équerre de bois dur garnie d'une vis en cuivre & de son écrou, lesquels servent à la fixer à la distance convenable du bout de la lunette. Au reste, il faut donner en *V* du jeu au chassis & à la vis, la partie cylindrique de celle-ci ayant toute liberté de varier dans le trou de la platine ou coq qui s'éleve de la boîte quarrée de la lunette : cette précaution est nécessaire à cause de la difficulté qu'il y a de faire concourir l'axe du centre du Quart de cercle avec le prolongement de l'axe *A B*, *Fig.* 4, de la balance. Ainsi on y remédiera si l'on empêche le bout du chassis

de

de même que la tête de la vis de s'appliquer précisément fur le coq ou platine en *V*.

La Figure elliptique percée au milieu de la platine ovale , *Pl. 4* , *Fig. 11* , eſt le vuide par où paſſent les rayons réfléchis à 45 degrés , & qui émanent des bougies de la lanterne , la nuit dans le télefcope : cette platine tient avec une verge à reſſort au couvercle de ce télefcope : or , donnant plus ou moins d'inclinaiſon à cette platine qui eſt à frottement fur ſa charniere , on augmente ou l'on affoiblit la lumiere réfléchie , laquelle ſert à éclairer les fils qui font au foyer du télefcope. Une autre maniere d'affoiblir cette lumiere ſe pratique encore avec un volet mobile par un cordeau au gré de l'Obſervateur. Ce volet ou feuille de fer-blanc eſt attaché au même bras de levier que la lanterne , étant monté ſur une équerre de bois dur , ayant ſa branche coudée plus longue : ainſi on eſt libre de couvrir toute la lumiere ou d'en diſtribuer à volonté telle partie plus ou moins foible ſelon la groſſeur des étoiles ou des cometes que la foibleſſe de leur lumiere fait évanouir lorſqu'on introduit trop abondamment celle de la lanterne pour y mieux diſtinguer les fils.

La Figure 2 , *Pl. 3* , repréſente l'alidade & télefcope en équilibre avec ſon contre-poids , lorſque le nonius indique ſur le limbe 90 degrés de diſtance au zénith , la lunette étant par conféquent horizontale : dans cette ſituation , ſon axe ſe trouve dans une parallele qui paſſe 3 pouces au-deſſus du centre du Quart de cercle : ce centre ſupporte une partie de ſon poids , & s'il n'y avoit pas de contre-poids , la vis du micrometre & l'agraffe en ſupporteroient l'autre partie. Comme la lunette n'eſt pas également chargée dans ſes deux extrémités , cette vis , en ce cas , ſupporteroit un peu plus de la moitié de ſa peſanteur. De cette maniere la lunette décrivant ſur le limbe 90 degrés & ſon nonius parvenant à 0 degré de la diviſion , alors elle pointeroit au zénith , & le cylindre du centre ſoutiendroit en ce ſecond cas tout le poids de la lunette. Préſentement ſi l'on y ajuſte le chaſſis de bois d'inde & les équipages du contre-poids de la Figure 7 , il eſt viſible que la lunette pointant au zénith & le bras de levier *D C E* étant vertical , l'équilibre ne ſauroit y avoir lieu , parce que la lunette eſt à côté du centre : elle forme l'effet d'un levier coudé , puiſqu'abandonnée à elle-même & ſans contre-poids de l'autre côté du centre , elle ne pourroit ſe maintenir toute ſeule parallélement au fil à-plomb : ſa peſanteur fait alors un effort ſur l'axe tant de l'Inſtrument que de cette alidade ; & cet effort , comme on l'a dit , eſt relatif à la diſtance plus ou moins grande dont il a fallu l'écarter du centre. On a cherché de pluſieurs manieres un remede à cette ſituation verticale de la lunette , & on faiſoit mouvoir le plomb *P* , que nous avons au contraire arrêté fixe : on réuſſiſſoit donc par-là à mettre la lunette verticale & en équilibre. Cependant l'expédient qui ſuit & qui a été trouvé plus récemment , a paru plus commode ; enſorte que le tuyau quarré du plomb *P* , en devient plus ſimple , & n'a plus beſoin d'être ſoumis à un chassis mobile à l'aide de quatre vis qui pousseoient en sens contraire.

A la partie *I K*, *Pl.* 3, *Fig.* 8, du levier de fer coudé, on adapte à l'aide d'un ressort & d'une vis, une piece coulante *X*, ayant deux oreillons *ɩ*, *ɀ* : dans cette piece, on place un bâton quarré de bois dur qu'une cheville ou longue vis taraudée par une de ses extrémités y contient. Ce nouveau bras de levier *Q*, *Fig.* 12, porte à son extrémité la plus éloignée de *X*, un plomb *R*, cubique, d'environ 2 pouces d'épaisseur, à travers lequel passe la piece de bois solide *Q*, d'environ trois quarts de pouce d'épaisseur : on arrête à l'aide d'une vis ce plomb cubique en *R*, lorsque la lunette étant verticale & libre dans tous ses mouvements, ou n'étant pas assujétie à aucun frottement, paroît faire équilibre avec ce nouveau bras de levier. Un fil de laiton d'environ une demiligne de diametre sert à assujétir le tout dans un plan parallele au chassis de bois & à l'axe de la lunette. Ce fil tient d'une part à une vis à main audessus de *V*, du côté de l'oculaire, & de l'autre part à une main cylindrique ou bâton de cuivre d'un quart de pouce d'épaisseur, lequel est rivé d'équerre à la piece de bois dur qui traverse le plomb cubique. La vis à main qui est audessus de *V*, sert à tendre ce fil de laiton taraudé en cette extrémité, afin que par l'autre il puisse maintenir le levier & son plomb cubique d'équerre avec le télescope : on peut en faire l'expérience à part, & reconnoître si le plomb cubique est assez avancé ou reculé pour faire équilibre avec l'autre bras de levier à la même distance, où le télescope étant d'à-plomb, il doit faire équilibre avec la moitié du poids de ce télescope.

La Planche 7, *Fig.* 1, représente les roulettes, & un ressort des plus forts attaché avec deux vis à têtes perdues, qui sont à la face interne du limbe : on les a représentés de grandeur naturelle, ainsi que l'arc de nonius & la boîte quarrée de la Figure 2, *Pl.* 3, qu'on voit ici de revers. Ce puissant ressort tient toujours l'alidade & ses roulettes supérieures assujéties au limbe, & les empêche de s'en écarter. Au reste ces roulettes, tant du devant que celles de derriere le limbe, diminuent considérablement le frottement, lequel seroit également distribué & uniforme, si le bout de l'alidade & le limbe étoient parfaitement plans, si l'épaisseur de celui-ci n'étoit pas inégale, enfin si cette extrémité de l'alidade ou arc de nonius pouvoit être parfaitement parallele au limbe. Au défaut de l'une de ces conditions, on s'apperçoit bientôt que l'arc de nonius doit user inégalement & même effacer des divisions du limbe. La machine qu'on décrira aux additions, & qui est relative à ce que nous avons dit ci-devant *page* 11, sera nécessaire désormais, non-seulement pour mettre parfaitement plan le premier des deux limbes du Quart de cercle avant que de les appliquer l'un sur l'autre, mais aussi pour rendre leur épaisseurs paralleles, ainsi que celle de l'arc du nonius. Les Figures 4 & 7, de la Planche 7, représentent aussi les deux ressorts de l'agraffe *T*, vue intérieurement, lesquels donnent le jeu à la platine *C D*, des figures 3, 5 & 6.

*F G*, *Fig.* 3 & 8, repréfente auffi la piece de métal dur, de près de deux lignes d'épaiffeur, dans laquelle entre le bourrelet cylindrique de métal dur *b*, de la tige ou bâton de cuivre de la vis *t t*, *Fig.* 2. Ce bourrelet eft adouci ou fraifé par fes extrémités; & au lieu d'arêtes vives, ce font deux plans inclinés où s'adaptent par-devant & par-derriere les deux canons de la Figure 9, qui font auffi de métal dur, ainfi que leurs platines fraifées pareillement, afin de correfpondre aux extrémités du bourrelet. *F G* s'applique donc fur le milieu de ce bourrelet, & fe trouve ferré ou réuni par quatre vis de chaque côté entre les deux platines de même métal de la Figure 9. A l'égard de celui des deux canons de métal dur de la Figure 9, qui fe voit à gauche, il eft de deux lignes plus long que le canon *a*, de cuivre, qui porte l'index qu'on lui a foudé. Ce canon de cuivre *a* tourne librement fur celui de la Figure 9, lorfqu'on fait entrer celui-ci au dedans; & parce que ce dernier déborde à gauche de deux lignes, comme on vient de le dire, on a foin de l'y retenir par une virole de cuivre qu'on y a goupillée en *e*. Voyez encore la Planche 6, *Fig.* 1 & 2. Ces fortes de canons font fi connus en Horlogerie, où la même induftrie s'emploie pour faire tourner les aiguilles ou index vis-à-vis des cadrans, qu'on auroit pu très-bien fe difpenfer d'en donner ici des détails; mais les Artiftes d'un ordre inférieur pourront s'en accommoder, en les trouvant ici réunis à leur principal objet. La Defcription des Arts que l'Académie des Sciences fait publier, ne doit pas être concife au point de fouftraire ces idées communes, fur-tout fi celui qui conftruit s'y trouve déja borné; ce qui peut arriver à des Artiftes très-adroits d'ailleurs: or c'eft le cas de lui ajouter de nouvelles connoiffances & de lui épargner la perte du temps dans fes recherches.

On voit aux Planches 6 & 7, *Fig.* 10, la figure en perfpective & en entier du dernier canon de cuivre *m*, auquel eft foudée une tête *A* ou rondelle à main guillochée: ce canon, ainfi que celui qui eft foudé à la grande platine proche la virole *e*, eft deftiné pour entrer quarrément dans la partie qui eft oppofée à la vis *t t*, *Fig.* 2; & on l'y arrête fixement avec une petite vis *n*, qui entre dans l'écrou *o* d'acier du bout oppofé de la verge qu'on a taraudée pour fervir de micrometre.

Il eft vifible, après une pareille conftruction, que la même mécanique ou équipage *S*, qui fe préfente aux Figures 3 & 4, *Pl.* 7, en ce qui concerne l'agraffe *T*, & le mouvement de la vis, fe répete encore en *s*, aux figures 1 & 12, de la même Planche, en ce qui concerne le mouvement de la lunette ou de l'alidade.

Il nous refte préfentement à décrire les chaffis qui portent les fils au foyer de la lunette: la figure 7, *Pl.* 5, eft le réticule qui fait face à l'oculaire, & les fils qui s'y coupent à angles droits avec un fimple fil qui doit être horizontal, font les cinq fils d'argent verticaux qui traverfent le champ de la lunette. Ces fils d'argent y font tendus avec des vis d'acier fur la platine de cuivre où l'on a eu soin de tracer deux traits perpendiculaires, & qui sont les diametres prolongés du champ évidé de ce réticule : les autres vis sont dans les prolongements de chaque tangente, ainsi que les traits gravés où entrent ces fils verticaux : il faut que ces traits gravés sur la platine soient assez profonds pour que l'épaisseur du fil d'argent y soit tout-à-fait comprise d'une part ; & pour retenir de l'autre part sous ces vis les fils d'argent tendus, il n'est pas indifférent de choisir leur premiere extrémité, parce qu'étant d'abord tendus à la main sous la seconde vis son mouvement, occasionné par le tourne-vis, doit concourir avec celui de tension nécessaire pour vaincre la roideur de ce fil d'argent, & non pas en sens contraire. Ces fils sont donc ainsi tendus & retenus ou applatis sous la tête des petites vis d'acier que l'on serre contre la platine du réticule. Ici comme dans la troisieme Planche publiée à Londres, le Dessinateur a bien placé ces vis au revers de la platine *Pl.* 5, *Fig.* 7. Cela est assez arbitraire ; car comme l'objectif $V E$, *Fig.* 1, enchâssé dans la boîte cylindrique $A B C D$, doit avoir toute liberté de s'avancer ou de se reculer dans le grand tube $a b c d$, fort proche & vis-à-vis du centre du Quart de cercle, il doit s'ensuivre qu'on aura toujours ces fils au foyer, soit qu'ils soient appliqués à l'une ou à l'autre face de la platine du réticule. Or il a été dit il y a plus de cent ans à l'article 7, de la *Mesure de la Terre*, que ces fils sont censés être au vrai foyer quand l'oculaire $O C$, *Fig.* 1, *Pl.* 5, & les fils étant placés à la distance convenable pour distinguer l'astre & ces fils avec la plus grande netteté, cela n'occasionne plus une parallaxe ou illusion dans l'astre qui doit y parcourir le fil horizontal : cette parallaxe se fait dans le sens de l'œil qu'on remue, ou dans le sens contraire au mouvement de l'œil, selon que les fils sont en deçà ou par delà le foyer. Elle s'évanouit enfin lorsqu'ils sont au vrai foyer de l'objectif. Ainsi il suffit d'approcher un peu ou de reculer de ces fils la boîte qui renferme l'objectif, & qu'on peut faire glisser dans le tube jusqu'à un repaire fixé & déterminé vis-à-vis du centre du Quart de cercle. De cette maniere les fils seront constamment au foyer du verre objectif. L'oculaire $O C$, *Fig.* 1 & 2, *Pl.* 5, se meut pareillement & peut glisser dans un tube coulant, & le tube extérieur $M N P Q$, recouvre les deux autres & peut glisser aussi au-dehors du tube fixé à la platine, afin que son ouverture ou diaphragme $q$, puisse découvrir sans couleurs tout le champ de la lunette.

La vis $S$ à tête quarrée de la figure 7, *Pl.* 5, étant verticale, ainsi que les cinq fils paralleles du réticule, on peut faire hausser ou baisser le chassis mobile en tournant la clef qui passe par l'ouverture ovale pratiquée dans la boîte quarrée, *Fig.* 1, au-dessus de la tête $S$ de cette vis. La premiere des deux platines mobiles du réticule a pour cet effet toute liberté de se mouvoir à l'aide des vis $t$, & des rainures paralleles qui ne lui laissent de liberté pour glisser que dans le sens vertical. A l'égard du mouvement dans le sens horizontal, il se fait en plaçant la clef dans la tête quarrée de la vis *S*, qui est horizontale, & dans le haut de la troisieme platine du réticule *Fig.* 2 & 8 de la Planche 5, c'est-à-dire, en faisant avancer de droite à gauche, ou au contraire, la seconde platine, au lieu que l'autre, ou premiere platine, s'élevoit de haut en bas, ou au contraire. Pour cet effet la boîte quarrée est percée d'un trou rond *r*, *Fig.* 2, vis-à-vis la tête *s* de la vis, par où il faut y introduire la clef susdite. Le Dessinateur a supposé le Quart de cercle horizontal, & les coupes par les milieux & à angles droits : nous raisonnons néanmoins comme s'il étoit en place.

Pour mieux se représenter les mouvements du réticule & ceux des fils qu'il doit porter au foyer de la lunette, il faut considérer *Fig.* 2, *Pl.* 5, l'équerre double ou section horizontale du coq *A C B*, lequel coq est tant soit peu plus près de l'objectif que les platines du réticule ; son épaisseur est de deux lignes au moins, ce qui lui donne la solidité nécessaire pour en supporter les mouvements. En effet, ces platines du réticule, comme on vient de le dire, sont mobiles à l'aide des vis *S*, *s*, verticales & horizontales.

Deux grosses vis à tête quarrée, placées l'une au-dessus de l'autre sur la platine du coq, font incliner en avant ou en arriere, ce coq & les platines du réticule qu'il entraîne ; ce qui sert à rectifier ces fils dans le sens parfaitement vertical, ou bien celui qui les croise dans le sens horizontal. On sait d'ailleurs que le passage d'une étoile dans l'Equateur indiquera un parallele à l'horizon durant sa traversée apparente dans la lunette : si l'étoile parcourt le fil horizontal dans toute sa longueur, alors il n'y a rien à changer à l'état des vis destinées à faire mouvoir l'équerre ou coq portant les platines du réticule. On considérera seulement que les mouvemens particuliers qu'on peut donner à ces platines avec leur clef commune, ne tendent qu'à rappeller l'axe optique au parallélisme, soit dans les passages, soit dans les hauteurs. Mais on se sert d'une clef plus forte pour tourner les grosses vis à têtes quarrées *a a*, relâchant l'une & serrant l'autre, ou au contraire, lorsqu'il s'agit de fixer le fil horizontal & par conséquent les autres fils qui lui sont perpendiculaires. Comme ces grosses vis à tête quarrée, sont au fond de la boîte, & qu'elles y font incliner tant soit peu la seconde face du coq ou de l'équerre qui est parallele au plan du limbe, ce limbe supposé pris dans son prolongement, s'il avoit lieu vers le centre du Quart de cercle, on a dû percer deux trous ronds à la face opposée qui est l'autre face verticale de la boîte quarrée. Par ces trous plus gros que les autres, on fait entrer aussi de plus gros tourne-vis quarrés pratiqués au bout d'une verge cylindrique, afin de lui faire traverser tout le diametre ou vuide de la boîte, & de tourner ainsi les vis *a a*, autant qu'il sera nécessaire. Enfin la plus grande face de l'équerre que font mouvoir ces vis *a a*, n'appuie pas immédiatement sur l'intérieur de la boîte, mais sur deux talons intermédiaires, ce qui est nécessaire ici pour que cette équerre obéisse au jeu des vis *a a.* Toutes ces quatre ouvertures déja faites à la boîte & par où on introduit les tourne-vis, font recouvertes, à caufe de la pouffiere, avec des lames de cuivre fort minces affujéties à une queue qui tourne autour d'une petite vis : on les fait reculer ou avancer fur les ouvertures, parce que lefdites lames ont peu de reffort & qu'elles obéiffent au mouvement des doigts, lorfqu'on les pouffe à deffein de découvrir ces mêmes ouvertures.

Les deux talons ci-deffus repréfentés dans la coupe du milieu de la boîte, qui fe fait perpendiculairement au limbe, font la projection du fond, où font les deux groffes vis à têtes quarrées : rien n'empêche au refte, pour plus de facilité, qu'on ne les forme avec la bafe circulaire de vis ordinaires, laquelle eft oppofée à la tête de ces vis : elles font en croix avec la vis à tête quarrée.

---

### Article Troisieme.

*De la maniere de mettre en place & de tourner alternativement au Nord*
*& au Sud le Quart de cercle mural.*

L E but que l'on doit fe propofer ici, eft de connoître à l'aide du Quart de cercle mural aux mêmes inftants les paffages des aftres par le demi-cercle du Méridien, & leurs hauteurs ou diftances au zénith. Les Planches 2, 9 & 10, indiquent affez la fufpenfion nouvelle de l'inftrument, & l'on eft à portée de juger de fon inertie & de fa mobilité lorfque le cas l'exige ; mais il nous faut d'abord entrer dans d'autres détails particuliers relatifs à la pratique. Il n'eft gueres poffible de trouver une maffe en pierre ou en marbre qui puiffe fervir de parallélépipede pour fupporter les Quarts de cercles de 7 à 8 pieds de rayon : on y fupplée par diverfes affifes dans l'ordre fuivant. Les Granits & la pierre de Portland fur les côtes de France & d'Angleterre, le carreau de Paffy & de Montfouris qu'on tire des carrieres proche Paris, doivent fournir au moins les principales affifes de pierre entre lefquelles on pourra placer & couler à chaux ou à plâtre les affifes intermédiaires ; celles-ci ont des joints, au cas que toutes les affifes ne puiffent pas avoir la même longueur de 9 pieds qui eft néceffaire pour un auffi grand Inftrument mural. Ces affifes pourront avoir 15 pouces de hauteur, fur au moins autant d'épaiffeur ; & dans la Planche 2, on a fixé celle-ci à 16 pouces. La hauteur totale de la maffe de pierre qu'il faut mouvoir eft 10 à 11 pieds. Si c'eft un bloc de marbre, il peut pefer 200 livres par pied cube ; & le carreau de Paffy en approche fort, mais ne pefe gueres que 180 livres par pied cube ; ainfi la maffe du parallélépipede en carreau de Paffy, fi l'on n'admet que 10 pieds pour la hauteur, feroit de 16 milliers un tiers au moins. Un boulet de fer fondu parfaitement poli & arrondi d'environ 5 pouces de diametre, tel que les *fig.* 1

& 2 de la Planche 9 nous le repréfentent, peut très-bien foutenir une pareille maffe & même davantage, puifqu'au poids du Quart de cercle d'environ 800 livres, il en faut bien ajouter cinq à fix cents pour la crapaudine fupérieure *fig.* 3 *& 4*, qu'il faut joindre à fa coquille *fig.* 5, toute la matiere étant en bronze : y ajoutant auffi les contre-poids, & donnant même un peu plus de hauteur au parallélépipede, on peut très-bien porter la maffe générale qu'il faut mouvoir à vingt milliers.

La bafe du parallélépipede peut donc être confidérée, fuivant ce qui eft d'ufage en méchanique, comme chargée de tout ce poids, ou plutôt ce fera la tranche du boulet qui eft dans le même plan & qui a pour centre, en ce cas, le centre de gravité de la figure, abftraction faite de quelques parties hétérogenes qui ne font pas ici bien importantes dans le calcul.

Préfentement, fi le frottement de cette maffe fur le boulet étoit nul quand on la fait mouvoir, ainfi qu'il arrive à l'inftant du premier effort que l'on fait lorfqu'il s'agit de le préfenter fucceffivement au Nord & au Sud; il eft clair que fans l'inertie elle feroit indifférente à toute fituation verticale, puifqu'elle tourne précifément autour de fon centre de gravité & qu'il ne refte à vaincre ici que fa force d'inertie : celle-ci, comme chacun fait, eft proportionnelle à la maffe, & par conféquent d'autant plus grande qu'il s'agit d'une maffe plus lourde. Or le demi-diametre de notre boulet étant 2 pouces & demi, & l'effort de celui qui pouffe à l'une des extrémités étant fuppofé de 50 livres à une diftance au moins 20 fois plus grande, le moment de celle-ci fera le produit du quarré de 20 par 50 livres, favoir 20,000 qu'il faut doubler à caufe qu'un autre agent pouffe pareillement à l'extrémité oppofée du parallélépipede, & l'on aura 40,000 livres, pour en déplacer 20,000. Cela eft bien plus que fuffifant pour ébranler le parallélépipede, & lui donner la premiere impulfion; car quand il a acquis du mouvement, la force accélératrice n'a plus à vaincre que le frottement qui étant fuppofé vulgairement égal à la fixieme partie du poids total, favoir 3300 livres dans le cas préfent, l'effort de chacun des agents qui pouffent ne fera plus auffi grand à beaucoup près que leur premier effort. Ainfi nous l'avions en effet porté d'abord trop haut en le fuppofant au premier inftant égal à 50 livres. Il eft vrai que la moitié d'un pareil effort n'eût été capable que de vaincre l'inertie du Quart de cercle & de fon parallélépipede; mais les méchaniques pouvoient nous fuggérer affez de moyens d'augmenter cette force, foit en n'y employant qu'un feul agent & des poulies moufflées, foit en allongeant plus que nous ne l'avons fuppofé la longueur du bras de levier fur le parallélépipede, ou diminuant la groffeur du boulet dont le rayon auroit pu n'être porté qu'à deux pouces.

Le calcul que nous venons de faire, étoit d'ailleurs néceffaire pour raffurer fur l'état de cet inftrument lorfque le fil vertical de fa lunette eft une fois fixé au centre de fa mire placée foit au Nord, foit du côté du Sud; le moindre choc n'est donc pas capable de l'ébranler.

Quant à ce que le mur de fondation *M F*, *fig.* 7, sur lequel pose la crapaudine inférieure *C D*, *Pl.* 9, *fig.* 6, pourroit très-bien varier selon que l'exigent les circonstances des saisons & la poussée des terres, on est toujours à même de restituer le Quart de cercle mural dans son plan vertical à l'aide du fil à-plomb, ce qui se pratique en appliquant la clef dans la tête quarrée de la vis *E*, *fig.* 4, pour faire monter ou descendre autant qu'il est nécessaire la piece qui porte la roulette *G* : on n'oubliera pas de faire tout le contraire à l'opposite du mur, tel qu'on le voit au-dessus *fig.* 4, & dans lequel la crapaudine supérieure s'ajuste par une entaille faite exprès : on l'y assujétira avec deux gros boulons de fer, *fig.* 10, taraudés par les bouts & qui passent au travers du mur, comme cela se voit aux figures 3 & 11. Si le parallélépipede est de marbre, on le percera de part en part de la grosseur de ces boulons de fer, en y employant la machine ordinaire à percer les rochers ; c'est un maillet de fer qui frappe à coups redoublés sur la tête d'un barreau cylindrique taillé à facettes par une de ses extrémités, laquelle est d'acier trempé dur, & le sablon ou grès avec de l'eau qu'on y renouvelle, font creuser les deux trous dans le marbre à mesure qu'on continue d'y frapper avec le maillet. Mais si le mur est de pierre, on se contentera de faire forger de meches, & on le percera d'abord avec le trépan, comme il est représenté à la droite de la figure 3.

La figure 8, indique tous les détails & développements de l'une des pieces qui servent à remettre le Quart de cercle dans son à-plomb, au lieu que la figure 9, n'indique que ce qui concerne les roulettes latérales : celles-ci poseroient naturellement sur la base renversée de la crapaudine inférieure, si l'on n'étoit pas obligé quelquefois, comme on l'a dit, d'introduire quelques coins aigus ou plans inclinés entre cette surface horizontale de la crapaudine inférieure & les roulettes. Tous les détails du boulet, de ses coquilles & crapaudines supérieure & inférieure, s'apperçoivent aux figures 2, 4, 5 & 6 ; on en voit aussi quelques développements aux figures 1 & 12 : enfin la figure 11 nous l'indique tout monté, savoir sur une plus grande échelle en cette *Pl.* 9, qu'il n'a été possible de le représenter dans la suivante. Les dimensions exactes qu'on aura prises, soit du côté du parallélépipede, soit dans la construction de la crapaudine, soit en perçant & réunissant ces corps hétérogenes, concourent néanmoins à placer dans une même ligne verticale le centre de gravité & le point d'appui ou boulet de rotation.

Il ne reste plus qu'à dire un mot sur la maniere précautionnée qu'on emploie pour percer les murs dans leur situation verticale, afin d'y introduire horizontalement les goujons de fer de la figure 10, *Pl.* 9, mais aussi ceux de la figure 2 & 4, *Pl.* 2. Soit d'abord supposé le mur ou parallélépipede parfaitement arrêté dans son à-plomb avec des calles, en même temps qu'il sera arcbouté par des pieces de charpente pour le rendre inébranlable, les

meches

meches qui le perceront tout à travers, doivent être pour cet effet horizontales; on les forgera pour cela bien droites & d'une grande longueur ou
portée : on peut même les enter fur d'autres broches, pourvu qu'elles n'y
forment point de courbures, étant bien effentiel qu'elles demeurent parfaitement droites en tournant. Le Forgeron qui percera les trous, ne fauroit
non plus conduire à l'œil fes meches, puifqu'il les doit placer horizontalement. Pour cet effet, on fixe d'à-plomb, à trois pieds du mur, un poteau de fapin, qu'il faudra percer de la même maniere que le mur; favoir en y deffinant
les platines *fig.* 3 & 5, *Pl.* 2, à l'aide de diverfes regles & d'un niveau à
bulle d'air : les contours de ces platines & leurs trous par où doivent paffer
les boulons de fer, étant une fois tracés au compas & à la regle, tant fur le
parallélépipede que fur le poteau de bois qui en eft diftant d'environ trois
pieds, alors les meches droites qui doivent percer le mur, feront affujéties à la
fituation horizontale requife. L'agent ou le Forgeron peut donc alors percer
fans rifques tout à travers les trous correfpondants, & fi l'on fe méfioit par hazard des précautions plus ou moins foignées qu'on vient de prendre, on pourroit au lieu de percer le mur de part en part avec lefdites meches, recom-
mencer à en percer l'autre moitié par la partie oppofée & regagner par là les
directions horizontales ou celles qui doivent être d'équerre en tout fens fur
le parallélépipede. On ne doit pas en de pareils cas épargner les diverfes regles en fapin dont il faut fixer la longueur felon les circonftances qui fe préfentent; il faut même en faire conftruire une toute particuliere que l'on placera fur
l'inftrument *fig.* 1, *Pl.* 2, afin d'y pratiquer les deux trous $H$, $H$ : cette regle
pour un quart de cercle mural de 7 pieds & demi de rayon doit avoir au moins
4 pieds; & fi l'un des trous $H$ eft ovale, tel que l'ont exécutés M. Graham
& fon Ingénieur en Inftruments de Mathématiques Jonathas Siffon, on y pra-
tiquera pareillement ladite ouverture ovale. Or l'une des plaques & fon oppofée de l'autre côté du parallélépipede étant encaftrée avec fes goujons dans le
mur, & ceux-ci mis en place avec leurs rondelles & leurs écrous ferrés, comme cela fe voit *fig.* 2, *Pl.* 2, il eft néceffaire que l'autre plaque qui doit
foutenir par le bout du cylindre de fa potence le Quart de cercle, foit précifément à la même diftance, que le font les points $H$, $H$, fur le Quart de cercle; en un mot, il faut que la pointe $g$ en foit autant éloignée que la pointe
$h$. Or c'eft ce que fera connoître la regle d'environ 4 pieds dont on vient de
parler; car pour peu que les boulons de fer ne foient pas mis d'équerre au
parallélépipede, ou que les faces des platines ayent du jeu dans leur parallélifme, n'étant pas également encaftrées dans ce mur, pour peu que le Deffinateur ait manqué, en les traçant fur la pierre, la diftance où elles doivent être
entr'elles; il eft vifible qu'en foulevant la groffe maffe du Quart de cercle pour
le fufpendre par fes deux trous $H$, $H$ fur fes fupports, il fe préfenteroit
moins exactement fur le milieu de chacun de ces trous & des bouts de cy-

lindre *g* , *h* , des deux potences *fig.* 2 & 4 de nos platines.

La grande attention qu'il faut donc avoir pour mettre en place les Quarts de cercles muraux, confiste à bien préfenter ces platines & à les encaftrer dans le parallélépipede à la diftance précife qui leur convient. Lorfqu'il fut queftion en 1751, de rebâtir mon Obfervatoire fitué au jardin des Capucins, & 5 à 6" au Nord de celui des Tuileries, je confentis fans peine à contenter les Préfidents & Direĉteurs de l'Académie de Berlin, en leur confiant pour quelques années mon Quart de cercle mural de 5 pieds de rayon, tandis que Jean Bird me conftruifoit à Londres celui de 7 pieds & demi : je leur procurai même un de mes deux Eleves du College Royal, à qui je donnai les inftruĉtions néceffaires pour mettre en place cet inftrument : la crapaudine & le boulet n'étant pas encore jettés en fonte à Strafbourg, on y procéda fuccefivement dans cette Fonderie, dont feu M. de Valiere, Lieutenant Général d'Artillerie, & M. de Gribauval, prirent alors connoiffance, m'indiquant l'habileté finguliere, & l'exaĉtitude de l'Infpeĉteur. Or comme il étoit temps de fe préparer à Berlin pour comparer la Lune autant qu'il étoit poffible aux mêmes étoiles qu'au Cap de Bonne-Efpérance, j'y recommandai fur toutes chofes dans diverfes inftruĉtions que j'y envoyai, de prendre garde particuliérement à l'état forcé où le Quart de cercle fe trouveroit, faute des précautions que je viens d'alléguer ci-deffus. Il n'a donc tenu qu'aux deux Obfervateurs de l'Académie de Berlin d'y pourvoir, s'ils ont voulu agir avec connoiffance de caufe ; mais je ne puis me refufer ici de faire part au Public d'une partie de la Lettre de feu M. de Maupertuis, datée du 24 Mars 1753, à l'occafion de ce qui fut publié dans le Volume de Berlin de 1750, *page* 254, & que nous venions de recevoir en France. Après quelques détails fur les moyens d'inftruire le Public fur le peu de vraifemblance que j'aye pu jamais confentir à ce qu'on venoit d'imprimer à Berlin, & des reproches obligeants fur ce que je pouffois, difoit-il, la délicateffe jufqu'à craindre qu'on ne me foupçonnât de m'attribuer l'ordonnance de mon Quart de cercle, fur un mot échappé dont je n'étois pas garant, il ajoute » : Je crois que la feule chofe qu'il y ait à faire, c'eft de mettre » dans le volume fuivant qui eft fous la Preffe, & bien avancé, un Avertiffe- » ment ou Errata, comme il fuit : M. le Monnier, Membre de cette Académie, » &c. attentif à ne pas vouloir qu'on lui attribue rien de ce qui ne lui appar- » tient pas, a fouhaité qu'on avertît ici d'une erreur qui fe trouve dans le » volume précédent des Mémoires, &c. On y parle du Quart de cercle avec » lequel on a fait à Berlin les Obfervations, &c. de la Lune, comme fi c'eût » été fous la direĉtion de M. le Monnier que cet inftrument eût été fait à » Londres. M. le Monnier a voulu rendre fur cela à feu M. Graham la juftice » qui lui étoit due, & déclarer que c'eft uniquement à l'infpeĉtion & aux » foins de cet homme excellent dans les Arts & dans les Sciences, que la per- » feĉtion de fon inftrument étoit due.

Le Secrétaire de l'Académie de Berlin a dû faire part à l'Assemblée de ma Lettre au Préfident, qui approuvoit fans difficulté la chofe même que j'avois déja follicitée : il eft inutile d'infifter davantage fur une affaire qui étoit trop éloignée de moi pour être fuivie, fur-tout quand on fait la difpofition où j'étois alors de fuir l'abus fi commun du commerce épiftolaire.

On a décrit affez au long *pages 6 & 7*, les attentions qu'il faut réitérer pour placer les mires du Nord & du Sud, & la facilité qu'il y a de retourner vers l'une ou l'autre région du Ciel le parallélépipede fans toucher au Quart de cercle mural qu'il entraîne avec foi dans fon mouvement de rotation : en effet, il lui fait parcourir tous les azimuts ou feulement le demi-cercle de l'horizon, & il fuffiroit à chaque fois de relâcher les vis *E*, & fon oppofée, *fig. 4*, *Pl. 9*, afin de foulager les roulettes *G*, *g* dans leur frottement, comme auffi de faire évanouir les coins aigus ou de les retirer de deffous les vis latérales *H*, *H*. *Voyez fig. 4 & 11*. Les fils à-plomb indiqueront bien-tôt les fituations verticales auxquelles il faut rétablir le Quart de cercle mural : on ne peut donc défirer de cette forte d'opérations plus promptes, plus fûres, ni plus expéditives.

A l'égard des coins aigus ou platines d'acier ( dont les faces oppofées s'écartent affez du parallélifme pour former deux plans inclinés ) qu'on fait gliffer au moins fous l'une des deux roulettes latérales, on les a deftinés à faire incliner, fur le boulet & les quatre roulettes, la maffe totale. On foulage celle-ci dans fon mouvement de circonvolution fur le boulet, par trois de ces roulettes & le coin aigu fert fi on a befoin d'ailleurs de caller le parallélépipede lorfqu'il eft fixé au Nord ou au Sud. Or j'indiquerai ici comment on peut y fuppléer d'une autre maniere ; car il fuffit de fceller aux deux extrémités de la bafe inférieure du parallélépipede deux écrous, où l'on feroit entrer une vis qui porteroit par fa pointe non aiguë, mais cylindrique, un équipage ou rondelles facile à contenir par d'autres pieces qui la retiendroient fixe : celles-ci feroient attachées fur les extrémités du gros mur de fondation qui fupporte le parallélépipede & fa crapaudine, & il feroit facile par-là de remettre le fil à-plomb fur le o degré de la divifion, fans être obligé de remuer le Quart de cercle fur les fupports *Pl. 2*, *fig. 2 & 3*. Affurément c'eft un avantage réel que de ne point déplacer, fous quelques prétextes que ce puiffe être, un pareil inftrument : il doit être invariable relativement au mur mobile ou parallélépipede auquel il eft fixé. Car fi l'inftrument eft parfaitement plan, & s'il eft placé avec toute liberté de fe dilater du froid au chaud, rien ne doit autant contrarier cette maxime, que de le faire changer d'état, & de le hauffer ou baiffer à l'aide du bras de levier *c*, *Pl. 2*, *fig. 1*. Ces différences feront à la vérité fort petites ; mais eft-on bien affuré que les coqs & oreillons qui fervent à contenir le Quart de cercle, foient travaillés avec les mêmes foins ? Leurs platines font-elles placées toutes généralement dans des plans

parallcles au plan du limbe ? Il est donc plus sûr de remuer le parallélépipede avec des vis ou avec des plans inclinés, & par conséquent tout l'instrument qu'il entraîne, lorsqu'il s'agira de vérifier le fil à-plomb qui pend du
centre, que de ne s'attacher qu'à faire varier avec des risques la partie, au
lieu de la masse totale. Qu'on se rappelle qu'il n'est plus question ici d'avoir
des Quarts de cercle muraux imparfaits au point qu'ils ne serviroient qu'à
s'assurer des hauteurs Méridiennes. Leur destination naturelle ne devoit-elle
pas plutôt être de les faire servir à nous donner les vrais passages des astres
par le Méridien ?

---

## ARTICLE QUATRIEME.

### *Maniere de faire les divisions sur les Quarts de cercles.*

On suppose pour cet effet qu'après avoir mis en place les platines du
centre & les pieces de métal dur travaillées bien soigneusement au Tour, on
soit parvenu à dresser ensuite le plan du limbe précisément dans le même
plan que la platine du centre : on en a indiqué les moyens, *pages 11 & 12*,
& il en sera encore question d'une maniere plus ample ci-après aux Additions.
Les Planches 4 & 8, *fig.* 1 & 2, représentent la piece cylindrique autour
de laquelle doit tourner l'alidade qui portera la pointe aiguë ou le burin qui
doit tracer les cercles concentriques sur le limbe. Cette alidade peut être
construite en bois dur, garnie de cuivre par ses extrémités, où l'on attachera du
côté du centre une piece semblable à celle de la figure 5, *Pl.* 4, laquelle y
est contenue par six vis à têtes perdues. D'ailleurs comme le centre de l'axe
*fig. 9*, est trempé dur, il sera facile ensuite de vérifier avec le compas à verge si
l'on a bien tracé par ce moyen les cercles concentriques qui doivent avoir pour
centre celui du Quart de cercle. L'exactitude requise dépend donc du travail
fait au Tour de la platine *A B*, *fig.* 2, & de l'axe *fig. 9*, de la même
Planche 4. Ces ouvrages du Tour ne conviennent qu'à de jeunes Ouvriers en
Horlogerie : rarement les Artisans en sont capables, & il en faut proscrire
sur-tout ceux qui forgent ou qui liment de grosses pieces.

J'ai proposé ci-dessus l'alidade pour tracer les cercles, & il seroit à souhaiter qu'on y présentât de préférence non celle qui doit servir, & sur laquelle
il nous reste des arcs de nonius à tracer, mais une autre plus légere & plate :
elle peut être de bois d'inde garnie par ses extrémités avec un centre de cuivre. Il est temps de parler aussi du compas à verge, lequel étant pareillement
de bois d'inde, peut subir de toute autre maniere son genre de flexion ; mais
on suppose au moins que cette flexion soit constante pendant qu'une des
pointes parcourt la circonférence d'un Quart de cercle.

On

On apperçoit bientôt dans la Planche 11, plusieurs de ces compas dont la verge selon la direction de sa longueur auroit toutes ses faces parallèles, si ce n'est qu'on a trouvé plus avantageux d'y pratiquer en-dessous une arête vive, & qu'on a bien dressée, en la comparant par ses faces & par son angle aigu à une excellente regle d'acier de même longueur. Par cet artifice les vis supérieures qui servent à resserrer ( à l'aide d'un ressort caché sous l'épaisseur d'en haut de l'une & de l'autre poupée ) cette regle contre ces mêmes poupées, ne sauroient ainsi détruire ni même entamer la surface supérieure de la regle ou verge de ce compas. D'ailleurs les poupées ayant intérieurement la même forme, l'effort de la vis se fait ainsi sur l'arête vive & parfaitement dressée de ce compas à verge : par-là les pointes rondes, mais aiguës, qui font corps avec ces poupées, seront toujours d'équerre au plan du Quart de cercle, lorsqu'il s'agira d'appliquer les divisions sur les cercles concentriques.

Comme il faut aussi à ces compas des vis de rappel à la manière des micromètres extérieurs qui sont multipliés & fort en usage aujourd'hui, comme on l'a vu ci-devant, on n'insistera pas bien au long sur la premiere figure, *Pl.* 11 : cette poupée n'a que des mouvements insensibles à l'aide de sa vis qui la retient à l'extrémité de la regle ; au lieu que celle qu'on peut faire couler vers la droite, est mobile dans toute la longueur $a\,a$ de ladite regle ou verge. En $A$, *fig.* 1, 4 & 5, est un écrou de cuivre pratiqué dans l'axe qui est d'équerre à la longueur de cette regle : cet écrou doit avoir 5 à 6 lignes de profondeur. Quant à la vis $B$, qu'on lui présente, elle doit avoir un collet $C$, parfaitement arrondi, lequel une fois placé en $c\,c$, & retenu par une boëte creuse avec ses goupilles $t\,t$, $t\,t$, plaçant aussi à son extrémité $V$, la tête guillochée $G$, avec la vis $E$, dont l'écrou est en $V$ ; il est visible qu'en faisant tourner cette vis autour de son collet $C$, qui est retenu & hors d'état d'avancer, son écrou $A$ sera mobile, & que par les mouvements de la vis il doit entraîner la poupée qu'on destine aux mouvements les plus lents.

La poupée principale *fig.* 1, que nous voyons à revers & dont on vient de parler fort en détail, s'apperçoit encore *fig.* 3, où elle est représentée dans son sens naturel : on en apperçoit aussi les profils ou coupes perpendiculaires, *fig.* 4 & 5, *Pl.* 11. Les figures 1, 4 & 5, indiquent d'abord ce qui concerne la fabrique de la piece d'acier terminée en pointe, laquelle est effectivement l'une de celles du compas à verge. Pour mieux distinguer cette pointe lorsqu'elle s'applique sur le limbe, on se sert d'une loupe $L$, mobile, à frottement sur sa charniere $H$, & qu'on encastre dans le ressort en demi-cercle $R$, *fig.* 5. Tout cet équipage est extérieur à la poupée creuse P, P, puisque celle-ci doit couler sur la verge du compas, ainsi que l'autre poupée qui sera pareillement munie extérieurement d'une loupe du même foyer : on donne pour foyer à ces loupes environ un demi-pouce.

Dans les cinq premieres figures, $i$, est la grande vis de la poupée qui la refferre, comme on l'a dit, à l'aide du reffort *r r*, contre la partie fupérieure de la verge du compas, fans être dans le cas de l'endommager ni d'y creufer inégalement fa pointe conique fort obtufe: or fi on relâche celle-ci, la vis *B C V*, la fait avancer, ainfi que cela fe voit *fig.* 1.

Quand M. de Louville propofa en 1714 l'opération de la divifion du Quart de cercle par points de dix en dix minutes, il s'éleva un peu trop vivement contre les tranfverfales; qu'il fuppofoit défectueufes, parce qu'on ne les traçoit pas d'équerre au plan, difoit-il, avec la main à l'aide d'une regle & d'un outil fort aigu. On auroit pu lui répondre que ces tranfverfales pouvoient être tracées très-exactement à l'aide du compas à verge, puifqu'un arc de cercle paffant par trois points, dont l'un devoit être le centre du Quart de cercle, devoit donner ainfi ces tranfverfales exactes : le fieur Bion en a copié la démonftration qu'on peut voir auffi dans les Tables de la Hire à l'article du Quart de cercle mobile.

Or comme la même objection pouvoit s'appliquer pareillement aux divifions de nonius, on a dû avoir recours en 1725, fur le grand Quart de cercle mural de Greenvich, aux arcs de cercles qui pafferoient par le centre, afin de tracer celles-ci entre deux cercles concentriques ; bientôt ceux-ci ont dû prévaloir, au lieu des onze cercles concentriques qu'admet néceffairement la méthode de divifer par tranfverfales ; mais il eft demeuré conftant qu'on pouvoit généralement décrire tous ces traits fans erreur, favoir avec le compas à verge.

Ce qui avoit donc été prévu par nos Auteurs avant 1714, s'eft trouvé dès l'an 1725 entre les mains du célebre Graham pouffé bien au-delà de ce qu'ils auroient pu fe flatter. Ce grand Méchanicien ne fe contenta pas de faire décrire avec des compas à verge les divifions du nonius, qui font en effet des portions d'arcs de cercle ; mais outre qu'il inventa tout ce qui pouvoit porter le compas à verge au degré de perfection où nous le voyons aujourd'hui, il créa dès lors une feconde divifion ou nouveau genre de divifer par la biffection continuelle, en adoptant 96 pour l'arc total. Nous joignons ici la Table générale de ces divifions, parce qu'elles font réputées moins fujettes à erreur que celles de 90 degrés, là où la biffection n'a pas toujours lieu : on va bientôt voir, que pour celle-ci, nous fommes dans le cas de recourir à d'autres moyens indirects dont le plus fûr eft une échelle de cordes ; expédient que Graham avoit déja pratiqué pour l'arc du Secteur qui fut envoyé en Laponie en 1737.

On défire fur-tout que les pointes du compas à verge fe préfentent, à quelqu'ouverture que ce foit, perpendiculairement au plan du limbe du Quart de cercle ; qu'elles ne puiffent pas non plus dans l'opération s'y fléchir ou perdre leur parallélifme, & fur-toutes chofes que le compas foit moins pefant que ces anciens compas à verge d'acier qui faifoient enfoncer inégalement des pointes trop fufpectes par leur longueur démefurée , & autres défauts dans la conftruction , fur lefquels on s'étoit trop négligé mal-à-propos.

En 1748, j'examinai fort attentivement à mon retour d'Ecoffe le Quart de cercle mural de l'Obfervatoire d'Angleterre , & le trouvant bien fupérieur à celui dont fe fervirent, dans la Tour orientale du nôtre, MM. de la Hire & Maraldi , quoique ce dernier l'eût fait divifer en place , je n'héfitai pas à donner la préférence, quant à la folidité, à ce grand mural de 1725 , foit fur notre plus ancien mural , foit même fur celui que m'avoit conftruit tout en cuivre à Londres , fur les principes de M. Graham, fon Artifte Jonathas Siffon.

M. de Louville fe plaint, lorfqu'il s'agit de divifer par points l'arc de 90 degrés , de la difficulté qu'il a éprouvée de conftater d'abord les deux points de o degré , & de 90 degrés. Il dit que fi l'on porte le rayon du cercle d'abord à 60 degrés , & la moitié de cette corde qu'on prend avec un autre compas , depuis 60 degrés jufqu'à 90 degrés , rarement doit-on y réuffir. Mais il ne dit pas fi les compas qu'il y employoit, étoient affez parfaits , ni fi les pointes y confervoient en opérant leur parallélifme. Je ne doute pas affurément que dix ans après, M. Graham n'en ait employé d'autres d'un genre fupérieur & bien plus parfaits pour divifer le mural de Greenvich ; mais quelle certitude avoit-on pour lors que l'arc marqué fur le limbe, & qui s'étend depuis o degré jufqu'à 90 degrés , répondoit en effet au quart de la circonférence du cercle ? Un des Eléves de feu M. Hallei , me révéla pour lors ce qu'il a communiqué depuis à d'autres plus en détail ; favoir que l'arc étoit trop court de 15 à 16 fecondes , & j'en vis quelques expériences en Septembre de la même année , M. Graham m'ayant montré fon niveau à bulle d'air qu'il avoit déja difpofé & perfectionné au point que le fil d'argent tendu horizontalement par un poids fur une poulie, donnoit auffi fûrement la fituation des deux points horizontaux du centre & de 90 degrés , que lorfqu'il s'agit d'obtenir avec le fil à-plomb les deux autres points verticaux du centre & de o degré. M. de Chézy a donné depuis au Public la maniere de travailler intérieurement les Tubes qu'on aura choifis pour fervir de niveau à bulle d'air. On ignore fi avant lui le choix d'un Tube convenable n'étoit pas extraordinairement pénible & dû au hazard : ce qu'il y a de certain , c'eft que le niveau à bulle d'air placé fur une regle de cuivre bien dreffée , s'élevoit ou s'abaiffoit de quelques fecondes au-deffus ou au-deffous de l'horizon , ce qui étoit indiqué par une excellente vis qui nous apprenoit fi la bulle parcouroit dans chaque cas des efpaces égaux. Or depuis plus de 25 ans qu'il a été découvert que le Quart de cercle mural de Greenvich avoit 15 à 16″ d'erreur en défaut fur fon arc de 90 degrés , il feroit facile de s'affurer aujourd'hui fi cette erreur eft conftante ; auquel cas la conjecture fondée fur ce qu'il fe feroit altéré depuis 1725 jufqu'à 1748 ou environ, pourroit recevoir quelques degrés de validité ou au contraire.

*TABLE des Degrés, Minutes & Secondes, qui répondent à la division extérieure en 96 parties.*

| Parties. | D. | M. | S. | Parties. | D. | M. | S. | Parties. | D. | M. | S. | Parties. | D. | M. | S. |
|---|---|---|---|---|---|---|---|---|---|---|---|---|---|---|---|
| 1 | 0 | 56 | 15 | 25 | 23 | 26 | 15 | 49 | 45 | 56 | 15 | 73 | 68 | 26 | 15 |
| 2 | 1 | 52 | 30 | 26 | 24 | 22 | 30 | 50 | 46 | 52 | 30 | 74 | 69 | 22 | 30 |
| 3 | 2 | 48 | 45 | 27 | 25 | 18 | 45 | 51 | 47 | 48 | 45 | 75 | 70 | 18 | 45 |
| 4 | 3 | 45 | 00 | 28 | 26 | 15 | 00 | 52 | 48 | 45 | 00 | 76 | 71 | 15 | 00 |
| 5 | 4 | 41 | 15 | 29 | 27 | 11 | 15 | 53 | 49 | 41 | 15 | 77 | 72 | 11 | 15 |
| 6 | 5 | 37 | 30 | 30 | 28 | 07 | 30 | 54 | 50 | 37 | 30 | 78 | 73 | 07 | 30 |
| 7 | 6 | 33 | 45 | 31 | 29 | 03 | 45 | 55 | 51 | 33 | 45 | 79 | 74 | 03 | 45 |
| 8 | 7 | 30 | 00 | 32 | 30 | 00 | 00 | 56 | 52 | 30 | 00 | 80 | 75 | 00 | 00 |
| 9 | 8 | 26 | 15 | 33 | 30 | 56 | 15 | 57 | 53 | 26 | 15 | 81 | 75 | 56 | 15 |
| 10 | 9 | 22 | 30 | 34 | 31 | 52 | 30 | 58 | 54 | 22 | 30 | 82 | 76 | 52 | 30 |
| 11 | 10 | 18 | 45 | 35 | 32 | 48 | 45 | 59 | 55 | 18 | 45 | 83 | 77 | 48 | 45 |
| 12 | 11 | 15 | 00 | 36 | 33 | 45 | 00 | 60 | 56 | 15 | 00 | 84 | 78 | 45 | 00 |
| 13 | 12 | 11 | 15 | 37 | 34 | 41 | 15 | 61 | 57 | 11 | 15 | 85 | 79 | 41 | 15 |
| 14 | 13 | 07 | 30 | 38 | 35 | 37 | 30 | 62 | 58 | 07 | 30 | 86 | 80 | 37 | 30 |
| 15 | 14 | 03 | 45 | 39 | 36 | 33 | 45 | 63 | 59 | 03 | 45 | 87 | 81 | 33 | 45 |
| 16 | 15 | 00 | 00 | 40 | 37 | 30 | 00 | 64 | 60 | 00 | 00 | 88 | 82 | 30 | 00 |
| 17 | 15 | 56 | 15 | 41 | 38 | 26 | 15 | 65 | 60 | 56 | 15 | 89 | 83 | 26 | 15 |
| 18 | 16 | 52 | 30 | 42 | 39 | 22 | 30 | 66 | 61 | 52 | 30 | 90 | 84 | 22 | 30 |
| 19 | 17 | 48 | 45 | 43 | 40 | 18 | 45 | 67 | 62 | 48 | 45 | 91 | 85 | 18 | 45 |
| 20 | 18 | 45 | 00 | 44 | 41 | 15 | 00 | 68 | 63 | 45 | 00 | 92 | 86 | 15 | 00 |
| 21 | 19 | 41 | 15 | 45 | 42 | 11 | 15 | 69 | 64 | 41 | 15 | 93 | 87 | 11 | 15 |
| 22 | 20 | 37 | 30 | 46 | 43 | 07 | 30 | 70 | 65 | 37 | 30 | 94 | 88 | 07 | 30 |
| 23 | 21 | 33 | 45 | 47 | 44 | 03 | 45 | 71 | 66 | 33 | 45 | 95 | 89 | 03 | 45 |
| 24 | 22 | 30 | 00 | 48 | 45 | 00 | 00 | 72 | 67 | 30 | 00 | 96 | 90 | 00 | 00 |

*TABLE des Sousdivisions.*

| 2es. | M. | S. | 3es. | M. | S. |
|---|---|---|---|---|---|
| 1 | 3 | 31 | 1 | 0 | 13 |
| 2 | 7 | 02 | 2 | 0 | 26 |
| 3 | 10 | 33 | 3 | 0 | 40 |
| 4 | 14 | 04 | 4 | 0 | 53 |
| 5 | 17 | 34 | 5 | 1 | 06 |
| 6 | 21 | 05 | 6 | 1 | 20 |
| 7 | 24 | 36 | 7 | 1 | 33 |
| 8 | 28 | 07 | 8 | 1 | 45 |
| 9 | 31 | 39 | 9 | 1 | 59 |
| 10 | 35 | 10 | 10 | 2 | 12 |
| 11 | 38 | 41 | 11 | 2 | 25 |
| 12 | 42 | 11 | 12 | 2 | 38 |
| 13 | 45 | 42 | 13 | 2 | 51 |
| 14 | 49 | 13 | 14 | 3 | 04 |
| 15 | 52 | 44 | 15 | 3 | 18 |
| 16 | 56 | 15 | 16 | 3 | 31 |

*Usage de ces Tables.*

SOIT une distance au zénith observée sur la division ordinaire en 90 degrés de 43 $^d$. 15′ 10″ ; mais sur la division en 96 ou extérieure, on a apperçu 46 parties $\frac{2}{16}$, & sur le nonius encore $\frac{3}{16}$ de plus.

La 1ere Table donne vis-à-vis 46 part. 43$^d$. 07′ 30″.
La 2e vis-à-vis 2 parties. . . . . . . 7 02
La 3e. . . 3 . . . . . . . . 40

La somme sera donc. . . . 43$^d$. 15′ 12″ que donne la division extérieure en 96 parties, ce qui ne diffère que de deux secondes de la division sur l'autre arc.

Nous avons déclaré ci-dessus qu'à cause de l'embarras qui se trouve plus grand à tracer onze cercles concentriques, qu'on suppose encore placés à des distances égales du centre, on lui avoit préféré la division de nonius, laquelle d'ailleurs ne requiert que trois de ces cercles & même inégalement distants ; qu'on y trouve aussi plus de facilités aux alidades garnies d'un bizeau pour y estimer les sous-divisions jusqu'à la moitié de cinq secondes ; qu'enfin les unes & les autres partoient du même principe, savoir des arcs de cercles qui les représentent & qu'on suppose devoir passer par le centre, si ces arcs

étoient

étoient prolongés. La Géométrie nous a donc éclairés sur cette opération délicate, & rien n'y est soumis à l'arbitraire, ni au plus ou moins d'adresse de celui
à qui on confioit le tracelet : c'est présentement la pointe du compas qui tra-
ce ces arcs de transversales ou de nonius. Or pour mieux faire entendre l'o-
pération qui concerne ceux-ci, il est bon de se rappeller deux propositions
élémentaires ; savoir que toute tangente est perpendiculaire ainsi que l'arc
naissant au rayon du cercle, savoir au point de son attouchement ; en second
lieu, que les arcs naissants ne diffèrent pas de leur sinus, ni les cordes naissantes
des arcs ou de leur tangente. Il n'est plus besoin des figures ici, d'après ces
principes, pour concevoir que de deux cercles concentriques la tangente
d'un point quelconque du cercle intérieur & terminée dans l'arc du cercle
extérieur, sera la demi-corde de celui-ci ; & qu'ainsi l'arc naissant perpendiculaire à ce sinus ou demi-corde à ce point d'attouchement, doit nécessairement se confondre avec le rayon tiré du centre du cercle au même point
d'attouchement. Si donc le cercle extérieur est divisé par points de degrés en
degrés, ou même de cinq en cinq minutes, la demi-corde donnée pour un
seul des points d'attouchement du cercle intérieur, indiquera la longueur
constante, ou pour mieux dire l'ouverture constante qu'on doit donner au
compas à verge pour transporter toutes ces divisions sur le cercle intérieur :
on les y tracera facilement par des arcs qu'un troisieme cercle concentrique
intérieur terminera, de telle sorte que ces arcs de nonius n'y paroîtront pas
différer des lignes droites. Cette méthode a été décrite dans l'*Optique de
Smith*, & c'est celle qu'avoit pratiquée Graham lorsqu'il en instruisit deux
des plus habiles Artistes de Londres qui travaillerent successivement sous sa direction. Il seroit à souhaiter que la tradition nous eût conservé en entier
toute l'industrie employée aux divisions du Quart de cercle mural fait en 1725 ;
nous verrions par-là les progrès & la marche de ce génie méchanicien en ce genre de divisions. L'Auteur s'en est expliqué il est vrai dans la division du Secteur
qui a servi au Nord lors de la mesure du degré du Méridien en Laponie,
& nous avons déja dit qu'il y employoit le calcul des cordes ; ce qui suppose une
échelle à-peu-près semblable à celle que Jean Bird a décrite en 1767. En effet
ce ne peut être une échelle des dixmes, à cause de la difficulté d'y tracer
les lignes, mais une échelle divisée par points avec des traits ou arcs d'un
très-grand rayon osculateur : de cette maniere la partie de l'échelle qui est
sous-divisée en décimales, sera le terme d'autres sous-divisions que doit indiquer un nonius pareillement rectiligne : ces sortes de nonius se font aujour-
d'hui tellement multipliés que sur l'échelle ordinaire des lignes, soit qu'elles
représentent les dixiemes ou douziemes parties du pouce vulgaire, on pousse
la précision jusqu'à y faire distinguer au moins le centieme de pouce, ce qui
sert à soudiviser fort exactement notre pied-de-roi. Mais pour revenir aux divisions qu'il s'agit d'exécuter, soit par la bissection en 96 sur le Quart de cercle

mural, foit par d'autres voies fur l'arc ordinaire de 90 degrés, on va déclarer ici ce que ce dernier, qui s'y eft appliqué, ajoute-t-il, pendant 34 ans,
en a donné par écrit fous ferment de n'y rien omettre, comme cela fe pratique encore vulgairement en ce pays-là. Il dit d'abord ce que l'on favoit très-
bien, & ce qu'on ne fauroit néanmoins trop recommander aux Artiftes,
qu'il faut fe méfier finguliérement des effets de la chaleur, laquelle dilate
d'une maniere très-fenfible les métaux. Anciennement MM. Picard & de la
Hire en ont donné les preuves & même des rapports affez exacts : au Pérou
comme au Nord, on s'en eft fort occupé pendant les deux voyages entre-
pris pour décider de la figure de la terre : enfin quoique le Quart de cercle
que j'ai envoyé en 1751 à Berlin, fît connoître affez par le trou ovale qu'il
porte en *H, fig.* 1, *Pl.* 2, qu'il falloit fe méfier de la dilatation ou de l'ex-
panfion toujours à craindre par la chaleur, des cordes, rayons, ou autres parties de ce Quart de cercle ; cependant l'ayant couché à plat, on en vit avec
furprife tout l'effet ; fon limbe regardoit le zénith étant couché fur une grande table de marbre, au jardin des Capucins, à 5 heures du matin, au
mois de Juillet ; le ciel étoit couvert & la température de l'air étoit égale & uniforme. Or le fieur Canivet fut dans la plus grande émotion de voir
fubitement fon rayon changé, le foleil s'étant démafqué pendant un quart de
minute par un éclairci imprévu, mais qui me lui fit dire de ceffer les opérations faites au compas à verge, à laquelle décifion il héfitoit d'abord à fe
rendre.

Ainfi pour divifer les grands inftruments on doit choifir de préférence les
faifons d'Avril & de Septembre, en un mot les jours auxquels la température
de l'air demeure le plus long-temps la même & le Thermometre indiquera
bientôt fi elle refte conftante & uniforme pendant les heures deftinées à ces
opérations. Voici maintenant la teneur de ce qui a été publié à Londres en 1767.

» Pour faire la divifion de l'arc avec précifion, il faut avoir une échelle
» de parties égales avec laquelle on puiffe mefurer ou prendre le rayon à
» 0,001 de pouce près. Cette échelle doit avoir 90 pouces de longueur & les
» pouces feront divifés chacun en 10 parties, le long defquels s'appliquera un
» gliffant ou divifion de nonius, favoir 10,1 pouces divifés en 100 parties
» égales ; ce qui indiquera 0,001 de pouce : on pourra même en eftimer le
» tiers à l'aide d'une loupe d'un pouce de foyer.

Les mêmes loupes d'un pouce de foyer, *Pl.* 11, *fig.* 3 *&* 4, s'appliquent
auffi aux compas à verge indiqués dans les figures ; & les cordes dont il faut
prendre la longueur fur l'échelle dont on vient de parler, feront indiquées
non pas par les valeurs qu'on a tranfcrites à gauche au-deffus de la figure 2,
*Pl.* 11, ou qu'on a tirées des tables des finus, mais par d'autres relatives au
rayon de l'inftrument & qu'aura donné le calcul du quatrieme terme d'une
propofition. Si, par exemple, le rayon du Quart de cercle eft 95,938

pouces, & qu'il faille trouver ces cordes de 42 degrés 40 min. celles de 30 degr.
o', de 21 d. 20', celles de 15 d. o', de 10 d. 2 o', enfin celles de 4 degrés 40 minutes ; on en découvrira la valeur telle qu'on l'a écrite *Pl.* 11, vers la droite
au quatrieme terme de la regle de trois : celles-ci étant au double des sinus de
leurs demi-arcs réciproquement, comme 100, 000 est à 95, 938. Car nous
avons adopté assez généralement 7 pieds & demi de rayon du pied de Paris pour
le Quart de cercle mural, ce qui revient à très-peu de chose près à 8 pieds
de Londres ou 96 pouces. Passons maintenant à la figure 1, *Pl.* 12.

   » Or ayant décrit les différents arcs entre lesquels on doit tracer les di-
» visions, on a pris avec chaque compas d'abord le rayon ou la corde de 60 d.
» égale à 95, 938 pouces, ensuite successivement les cordes 49, 6615
» pour 30 degrés, 25, 0448 pour celle de 15 degrés, 17, 279047 pour celle
» de 10 d. 20', 7, 81186 pour la corde de 4 d. 40' : on a supposé aussi
» qu'on ait pris 69, 80318 pour celle de 42 degrés 40 minutes. Comme les
» compas à verge & l'instrument à diviser font fabriqués de matieres trop
» différentes, plus ou moins assujéties à se contracter ou à se dilater, on a
» dû préparer la veille au soir toutes ces ouvertures de compas, & les laisser
» sur l'instrument toute la nuit, dans une salle fermée : sans doute qu'on
» doit trouver le jour suivant de grand matin, quelques petites variations cau-
» sées par le refroidissement des métaux, auxquelles il faudroit remédier
» promptement à l'aide de chaque vis des compas à verges. Ainsi pour com-
» mencer la division on décrira avec le compas un arc léger *b d*, sur lequel
» on commencera à marquer le point *a*, avec un pointeau rond & très-fin,
» & l'ouverture du compas où le rayon sera porté de *a* en *e*, où l'on mar-
» quera pareillement sur l'arc un point très-fin semblable au point *a*. On
» partagera l'arc *a e* en *c*, avec le compas qui est ouvert pour 30 degrés
» ou qui en représente la corde, & ayant remis en *c* la pointe du pre-
» mier compas, on aura en *r*, le point de 90 degrés. Ensuite avec le
» compas à verge qui répond à la corde de 15 degrés, on partagera *e r* en
» deux parties égales au point *n*, ce qui doit donner le point de 75 degrés.
» Pareillement avec le quatrieme compas on portera la corde de 10 d. 20', &
» du point *r* avec le cinquieme compas la corde de 4 d. 40', & l'une & l'au-
» tre doivent concourir au même point *g*, lequel de cette maniere représen-
» tera très-exactement 85 d. 20'.

   Jusqu'ici les points 30, 60, de même que 15, 45 & 75 degrés, ont été
déterminés par des bissections continuelles, & l'on pourra de la même maniere trouver d'autres points de divisions ; car ayant, par exemple, porté la corde
de 42 degrés 40 minutes, où par l'autre compas qui représente la corde de
21 d. 20', on aura par des bissections continuelles 21 d. 20', 42 d. 40' & 64 d.
o' par 85 d. 20' ; il n'a pas été difficile de trouver ensuite un nombre divisible par deux, lequel peut nous procurer la division de chaque degré de cinq

en cinq minutes, puifque 5 minutes font la douzieme partie d'un degré. Or dans 85 d. 20', on aura 1024, puifque ce nombre eſt égal à 85 multiplié par 12 ; & qu'au produit on doit ajouter 4, à cauſe des 20' d'excès, qui font le produit de 4 par 5 douziemes de degrés.

Or le point *g* de 85 d. 20' étant déja trouvé, on a pu partager *a g*, en deux exactement au point *o*, comme on l'a dit ci-deſſus & l'Optique de Smith, indique enfuite le tâtonnement qu'il faut faire pour diviſer ces arcs *a o*, *o g* en deux également ; car outre qu'on ne doit pas manquer de s'aider de l'échelle pour les arcs décrits avec le même compas de *a* en *o*, & de *g* en *o*, alors ou ces arcs s'approcheront très-fort, ou ils fe couperont tant foit peu, s'il n'a pas été poſſible de les rendre ofculateurs au même point. Ainſi de quelque maniere qu'il arrive de l'un de ces trois cas, le point du milieu doit s'y diſtinguer, après l'opération faite, avec la plus grande évidence : il en fera de même de toutes les autres fous-diviſions, & il eſt inutile de recommander de pointer exactement fur l'arc décrit du centre ; autrement toutes les diviſions deviendroient fenſiblement défectueuſes.

A l'égard de la diviſion en 96 parties, laquelle fe trouve placée le plus loin du centre, étant en effet la diviſion extérieure, on laiſſera fur le limbe au moins un demi-pouce ou le plus d'intervalle poſſible entre cet arc & le bord du limbe. Il y aura donc fur cet arc 1536 diviſions à faire, & l'expérience a pu faire connoître qu'il valoit mieux les partager d'abord en trois parties égales, comme cela s'eſt pratiqué pour l'autre diviſion de l'arc fupérieur. Or chaque tiers qui repréſente 512 diviſions, fera effectivement dans le cas d'être continuellement partagé par moitié, puifque 512 eſt diviſible par deux.

Il ne ſuffit pas actuellement d'avoir fait les diviſions par points fur l'un ou fur l'autre arc ; il s'agit maintenant de les y graver par traits conformément aux principes que nous avons établis *page* 41, entre deux cercles concentriques écartés l'un de l'autre d'environ une ligne au-deſſus, & trois fois autant au-deſſous de celui qui indique la tangente : en voici tout l'artifice. Le point *e* ayant été pris dans l'arc *b d*, tirez par ce point une tangente, laquelle coupera l'arc *x y* en *q* : ce fera la longueur néceſſaire ou diſtance des pointes du compas à verge pour que les diviſions fe trouvent à très-peu de choſe près perpendiculaires à l'arc *b d*. » Placez dans le point *r* la pointe aiguë & très-ronde de » votre compas à verge, laquelle eſt à votre main droite, & laiſſez l'autre pointe » tomber librement fur l'arc *x y* : appuyez doucement fur la tête de la vis qui » fixe la poupée à la verge du compas, & avec la pointe du côté de la main » droite, tracez l'arc de diviſion : il en fera de même pour tous les autres points » avant & par-delà le point *r*.

On a appris par l'ufage qu'il ne faut gueres approcher les pointes du compas à verge plus près que 2 à 3 pouces, & lorfqu'on eſt gêné vers l'extrémité d'un arc ou ligne à diviſer, on peut fe fervir d'un compas à reſſort dont

les

les pointes d'acier foient bien perpendiculaires au plan fur lequel on les applique, ayant eu foin d'ailleurs de les rendre folides, rondes, aiguës, & de les tremper dures : il en fera de même du pointeau, & les points à marquer ne doivent gueres paroître excéder un millieme de pouce.

Il y a plus d'une forte de difficultés à vaincre lorfqu'il s'agit de divifer un grand inftrument : on y obfervera principalement les conditions fuivantes, favoir que le plan du limbe foit tellement appuyé en-deffous avec des coins & cales de bois, qu'il puiffe fe foutenir dans un plan parfait pendant toute l'opération : un niveau à bulle d'air nous indiqueroit, par exemple, par fa grande fenfibilité, fi dans les diverfes parties ce limbe ainfi que la platine du centre, ne différent pas de la fituation horizontale : on peut auffi y préfenter l'équerre deftinée à en vérifier le plan, dont il fera fait mention ci-après à l'article des Additions à ce Traité. En fecond lieu, on ne fauroit trop fe donner de foins pour éviter les changemens de température : dans un grand édifice les poëles rendent la chaleur affez conftante & uniforme, & il eft facile de l'entretenir dans cet état fi l'inftrument en eft fort éloigné : les Thermometres font utiles en pareilles circonftances, & il faut avoir continuellement l'œil fur eux. Il eft vrai que la chofe eft moins praticable dans un attelier ordinaire, ainfi que dans ces efpeces de falles étroites qu'occupent les Artiftes ; auffi s'y eft-on apperçu de variations fenfibles à mefure que le foleil s'eft élevé ou abaiffé fur l'horizon. En troifieme lieu, il y a plus de difficultés à tranfporter les divifions fur l'arc de nonius que porte l'alidade : enfin c'eft le fujet des longs préparatifs & détails dont il faut difcourir ici.

On doit fe rappeller que pour donner moins de poids, & par conféquent plus de durée à la piece cylindrique du centre autour de laquelle tourne l'alidade, on avoit fupprimé la regle entiere de cette alidade, que le tuyau feul de la lunette y fuppléoit, parce qu'il portoit à fes deux extrémités les deux bouts de cette alidade, favoir le cylindre creux faifant corps avec la platine ou regle qui l'affermit au tube, & à l'autre extrémité, l'arc de nonius tracé fur une regle qui a deux bifeaux, & femblablement fixée d'équerre au télefcope & en longueur, égale à celle du centre.

L'axe optique de la lunette ou télefcope, qu'on fuppofe être le même que celui du tube, n'eft pas facile à diftinguer ; & c'eft néanmoins de l'axe optique qu'il faut mefurer la diftance du centre de l'inftrument, pour l'appliquer par l'autre extrémité à la premiere divifion ou zéro de l'arc de nonius.

La précifion finguliere que Graham apporta à la lunette du Secteur qui fut envoyé en Laponie, & que fans doute il n'a pas dû manquer d'apporter à la lunette du Quart de cercle mural, nous a fauvé une erreur inévitable, que le hazard & la réflexion firent connoître au Pérou ; favoir que les foyers des lunettes changent fuivant la conftitution de l'atmofphere. C'eft une fuite inévitable de la différente réfrangibilité des rayons : nous voyons, par exemple , affez fréquemment aux couchers du foleil diverfes couleurs que prennent les nuages par l'effet des différentes réfrangibilités que reçoivent alors les rayons du foleil répandus dans l'atmofphere & qu'ils nous réfléchiffent ; d'où il fuit qu'alors au foyer des lunettes fe peignent quelques-unes des images colorées que l'atmofphere en ces moments-là nous laiffe paffer en plus grande abondance. Il eft donc clair , felon les principes d'Optique , que les foyers changent , & qu'on ne fauroit ainfi ufer de trop de précautions pour centrer les verres objectifs des télefcopes. Par-là le parallélifme de l'axe optique ne fauroit plus être altéré ; & quelle que foit l'image qu'on y apperçoit , foit qu'elle dépende des rayons rouges ou d'autres qui fe peignent plus loin en s'approchant de l'image formée par les rayons bleus , jamais ces effets momentanés ne fauroient nuire à la direction conftante de l'axe optique d'une lunette dont l'objectif eft centré. Il fembloit que Graham prévoyoit ce qu'on alloit découvrir au Pérou , quand il invita en 1736 , le Docteur Bradley à venir s'affurer fi l'objectif du Secteur deftiné pour la Laponie étoit parfaitement centré.

Nous avons affez décrit dans les Mémoires de l'Académie des Sciences , la maniere de s'affurer fi les verres objectifs font centrés , & les moyens d'y réuffir : on peut confulter fi l'on veut fur cet objet ce qui en a été dit en dernier lieu en l'année 1731. Quand le défaut en eft fenfible , on s'apperçoit très-bien par les deux images réfléchies des rayons du foleil , auxquels on préfente ce verre objectif ; & fi elles ne font pas concentriques , il eft fort aifé de s'en convaincre.

Après ces réflexions , on a droit d'exiger des Artiftes que la partie du tube qui forme le télefcope , & dans laquelle on fait gliffer celui qui renferme l'objectif , foit moins groffiere qu'elle ne l'a été jufqu'ici : cette partie doit être travaillée au Tour ou formée de lames rectangulaires , puifque les fils ne fe trouvent placés au foyer commun que lorfque faifant gliffer en avant ou en arriere le verre objectif , les objets n'y paroiffent plus quitter la croifée de ces fils , quelque mouvement qu'ait l'œil de l'Obfervateur ; en un mot lorfqu'une étoile voifine de l'Equateur paroît , fans hauffer ni baiffer , décrire le fil horizontal à l'heure du paffage de cet aftre par le Méridien. Une lunette d'épreuve ayant deux chaffis quarrés , & bien dreffés par fes extrémités , telle que M. Camus l'a fait exécuter il y a plus de trente ans aux Galeries du Louvre , abrége bien l'opération lorfqu'il s'agit d'axes optiques & de parallélifmes à obtenir dans les autres lunettes des Quarts de cercles ; car il eft certain qu'en pointant l'une & l'autre à des objets terreftres très-éloignés , on fera bientôt en état de rendre l'axe optique de la lunette d'un Quart de cercle le même fenfiblement que l'axe du tube qui porte l'alidade de cet inftrument : cela eft plus fimple que de s'en affurer par la mefure toujours trop indécife de l'épaiffeur des platines.

Pour continuer enfin les divisions sur l'arc de nonius, on tracera légérement, *Pl.* 11, l'arc *s t*; & pour servir à celui de la division en 96, on tracera l'arc *i k* pareillement : le point *e* étant, par exemple, celui de 60 degrés, lequel répond à 64 sur l'autre division, en *E*, on ménera une tangente à chacun de ces arcs *s t*, *i k*, qui doit les rencontrer en *q* & *Q*. Ce sera l'ouverture requise du compas pour tracer ces divisions de nonius. Il n'y a nulle difficulté pour celle d'en-bas, à cause que 17 divisions sur l'arc en 96 parties doivent répondre à un arc égal sur celui de nonius, mais qu'on divisera facilement en 16 parties égales par la bissection. Or par chaque division, avec l'ouverture de compas *Q E*, on sera dès-lors en état de tracer les arcs correspondants ou traits perpendiculaires des divisions sur l'arc de nonius. Il y a un peu plus d'artifice pour l'appliquer sur la division supérieure, à cause que 11 divisions répondent à 10 divisions sur l'arc, & que ce nombre 10 ne peut pas être continuellement divisé par 2, comme seroient les nombres 8, 16, 32, 64, &c. mais par l'analyse on trouvera généralement tout autre arc qui peut y être divisible par la bissection. Dans notre exemple ( Voyez *Pl.* 6 , *fig.* 1 ) l'arc de nonius qui n'est que de dix parties s'applique sur 55 minutes de l'arc de cercle de 90 degrés, qu'on y a divisé en demi-minutes, c'est-à-dire, sur 11 de ces mêmes divisions. On fera donc comme 11 est à 55 ; ainsi 32 qui est un des nombres de la série ci-dessus, à un quatrieme terme ou 176 minutes qui répondront par conséquent à 2 degrés 56 minutes. On pourra donc avec le compas à verge mesurer exactement le rayon de l'arc de cercle *s t*, & sur l'échelle prendre la corde correspondante que donnera, comme on l'a vu *page* 43, le quatrieme terme d'une regle de trois. On appliquera alors cette corde sur l'arc indéfini *s t*, prolongé autant qu'il est nécessaire : or il est visible que la bissection est possible, & que 10 de ces divisions répondront à l'intervalle qui convient à l'arc de nonius qui doit correspondre aux 11 divisions ou 55 minutes appliquées sur la division ordinaire en 90 degrés.

Il reste à connoître sur le biseau de la plaque de nonius le point où la division doit commencer : ce point, comme on l'a dit, est autant distant de la croisée des fils que le centre du Quart de cercle l'est de l'axe optique de la lunette, lequel passe au milieu d'un verre objectif bien centré. Le Docteur Smith donne le moyen qui suit, parce qu'il suppose qu'on a dressé parfaitement les deux extrémités de la partie de l'alidade *Pl.* 4, *fig.* 5, (laquelle est du côté du centre ), & qu'on aura construite parfaitement égale à celle de l'arc de nonius qu'on voit *Pl.* 6, *fig.* 7. La lunette présentée alternativement sur l'épaisseur des bouts de ces regles donne par son renversement sur une même regle d'acier pointée à l'horizon & qui est inébranlable, l'erreur de l'axe optique de cette lunette, & le moyen de rectifier enfin à l'aide du chassis mobile *Pl.* 5, *fig.* 7, le parallélisme de cette lunette.

Or après une pareille opération, il est clair que la ligne qui représentera sur les nonius le premier point ou zéro de la division, n'est plus difficile à découvrir, puisqu'il y aura même distance à mesurer *Pl.* 4, *fig.* 5, depuis le centre jusqu'au bord d'en-bas de la regle sous le collet, que de l'extrémité inférieure de l'arc de nonius, au premier point requis de la division sur ce biseau.

Que si le faiseur d'Instruments de Mathématiques ne voit pas de son attelier d'objets assez éloignés dans l'horizon, il pourra au moins dans quelque lieu écarté de la ville y suppléer à l'aide de la lunette centrée sur ses quatre faces qu'a proposée M. Camus ; car si on applique une regle d'acier ou de bois dur bien droite entre les deux bouts de l'alidade, ensorte que ceux-ci en soient le vrai prolongement, en quelqu'endroit qu'on applique ensuite sur cette regle particuliere la lunette centrée par ses quatre faces, elle indiquera bientôt le parallélisme qu'il faut donner au télescope ou à l'axe optique du Quart de cercle ; d'où l'on voit qu'il y a plus d'un moyen décisif pour s'en assurer, & pour marquer ainsi fort exactement sur le nonius de la division les premiers points de chacune des divisions de l'arc. Dans l'écrit publié en 1767, Jean Bird, propose les moyens suivants : après avoir supposé vaguement qu'on ait tiré légérement la ligne qui doit indiquer sur le nonius ces premiers points de divisions, il ajoute : » Plus cette ligne sera tirée avec préci-» sion, plus l'intersection des fils au foyer commun de l'objectif & de l'oculaire » approchera de l'axe du tube. » Il suppose aussi » qu'on ait eu soin de faire tenir » le nonius, ainsi que la platine qui doit embrasser l'axe cylindrique du centre, » au tube de la lunette ou télescope, non-seulement avec des vis, mais aussi » avec des goupilles : or ayant vissé & serré sur le télescope celle qui doit » tourner autour du centre, on adaptera à l'autre extrémité la platine de no-» nius sans les vis, mais avec ses goupilles seulement : tout l'équipage étant » placé sur le Quart de cercle couché horizontalement, on assujétira sur son » limbe la platine du nonius au moyen de tenailles à vis, & on enlévera pour » lors le télescope: ayant donc placé une pointe de compas à verge au centre » du Quart de cercle, & l'autre au milieu de la plaque de nonius, on décrira » d'un bout à l'autre un arc léger, afin d'y marquer un point très-fin dans l'en-» droit où cet arc coupera la ligne du o degré déja tracée le plus légérement » qu'il aura été possible, afin de pouvoir l'effacer. Car si de part & d'autre de » ce point, on en marque deux autres à droite & à gauche, à une même dis-» tance sur cet arc, comme cela se prescrit en Géométrie-pratique pour élever » une perpendiculaire ; que si de ces deux nouveaux points comme centres, » on a tracé tant au-dessus qu'au dessous de l'arc de nonius, deux autres arcs » très-légérement, lesquels se coupent le plus près qu'il sera possible du bord » de chaque biseau, alors il sera temps d'y tracer avec le compas à verge le » premier trait de la division «. On suppose aussi qu'on ait pris toutes les précautions possibles pour arrêter sur 60 degrés ce premier trait du nonius, & que l'arc étant affermi avec les tenailles à vis, on ait eu la liberté, d'après les points déja

gravés

gravés fur l'arc *s t* , d'y marquer les autres divifions du nonius , en plaçant la pointe gauche du compas à verge dans ces points , & traçant les divifions avec la pointe droite : on aura toujours foin d'examiner fouvent & très-attentivement avec la loupe fi l'interfection ci-deffus eft placée bien proche du point *e* , ou de 60 degrés. » Ayant ainfi marqué les divifions de nonius , & fem
» blablement celles de l'autre bifeau qui répond à l'arc de 96 parties, on
» ôtera la platine de ces nonius , & on en emportera les bavures : on doit tirer
» auffi une tangente par ce point de l'arc léger qu'on a commencé à marquer
» au milieu de ladite platine , & on prendra tout de fuite un intervalle d'un
» quart de pouce ou environ plus long que l'arc de nonius. Or avec cette dif
» tance ou intervalle, on marquera un autre point dans cette tangente : il faut
» auffi avoir foin de porter précifément la même diftance depuis le centre du
» collet vers l'extrémité à gauche qui eft en face du verre objectif, afin d'y
» marquer un point très-fin. Enfuite on prendra avec le compas à verge à peu
» près toute la longueur tant du nonius que de la plaque du centre ( lefquel
» les doivent déborder au moins d'un demi-pouce en-dehors au-delà du télef
» cope comme cela fe voit *Pl.* 4, *fig.* 5 *& 6, fig.* 1 ), & on marquera avec cette
» ouverture d'autres points , l'un à droite en bas fur la tangente, & l'autre en
» haut fur la ligne paffant par le centre du Quart de cercle : ladite ligne
» eft fuppofée déja bien perpendiculaire à l'axe du télefcope, ou bien à la
» ligne tirée du centre du collet au zéro du nonius.

» On viffera donc alors les deux plaques au télefcope, & avec une regle
» d'acier on tirera des lignes par les points correfpondants : il faudra limer
» enfuite les bouts des deux plaques exactement fur ces lignes: ces bords fe
» trouveront alors *Pl.* 3 , *fig.* 1 , précifément dans des lignes paralleles l'une
» à l'autre & à l'axe du télefcope ; ce qui fournit un excellent moyen d'avoir
» la ligne de collimation de cet inftrument». A une machine qui fut employée
en 1725, on a dû fubftituer bientôt celle qui a été deftinée à placer le niveau
à bulle d'air pour faire paffer un fil horizontal par les points de 90 degrés, &
par celui du centre de l'inftrument dont il a été déja fait mention *pag.* 4 & 39.
Il s'agit ici de placer, foit une regle d'acier horizontalement & dans une fituation bien fixe, foit deux bouts de regle qui foient dans un même plan horizontal , & qu'on peut éloigner fuffifamment & fixer à volonté , felon la longueur du télefcope. Dans ce dernier cas, on fait affembler à queues d'arondes
deux pieces de bois de chêne en forme d'équerre large & plane , ayant 4 pouces
de furface de chaque côté , fur un pouce & demi d'épaiffeur, & on les attache avec des vis en bois fur un long foliveau ou autre appui de cette efpece ,
pourvu qu'il foit couché horizontalement vis-à-vis une des fenêtres de la falle.
Sur ces deux équerres dont les faces verticales fe regardent lorfqu'elles font
fixées horizontalement, on a dû placer à vis deux doubles platines en cuivre ,
affez femblables à celles de la figure 3 , *Pl.* 2 ; mais au lieu de la

potence *g*, sous laquelle est le talon que repousse la vis fixée dans l'écrou immobile *a*, on place ce talon plus bas vers la base de la platine supérieure, qu'on doit avoir eu soin d'allonger en ce cas, afin qu'elle déborde par en-haut l'autre platine inférieure, sur laquelle elle glisse naturellement, comme aussi par l'effort de la vis qui la repousse en haut. Avec un petit niveau à bulle d'air, on aura soin de tenir l'épaisseur de la partie supérieure de cette platine extérieure parfaitement horizontale ; car il faut supposer qu'elle est limée d'é-querre, & que la platine inférieure sur laquelle elle glisse est tant soit peu mobile à l'aide de deux fortes vis à main latérales, ajustées sur les faces ver-ticales de l'équerre : ces vis à main la contiennent, & lui font même décrire par en bas un petit arc autour d'un clou ou cylindre d'acier pratiqué vers le haut, lequel est affermi dans le bois : il sert de pivot ou passe à travers un trou supérieur ménagé dans le haut de cette platine de cuivre.

Or à l'aide de tous ces mouvements, si nécessaires pour hausser ou baisser les deux bouts de règle opposés, il sera facile de vérifier le parallélisme du télescope ; car ayant placé l'extrémité du nonius & de la plaque du centre sur les deux épaisseurs horizontales d'en-haut de ces platines, & ayant regardé dans l'horizon un objet qui soit coupé par le fil horizontal au centre de la lunette, on renversera dès-lors la lunette sur les deux autres bouts de regles opposés aux premiers de cette alidade, & si le même objet ne reparoît pas au centre de la lunette sur le fil horizontal, cela indiquera le double de l'er-reur, qu'il sera facile d'anéantir par tâtonnement, en recommençant l'opéra-tion, parce qu'on aura soin de faire mouvoir à cette fin le réticule qui est au foyer de la lunette.

On a assez averti que la Planche 5, représente le fil horizontal du réti-cule *fig.* 7, lequel coupe en deux les cinq fils verticaux ; qu'ainsi la vis *S* est celle qu'il faut mouvoir pour régler le parallélisme relativement aux hau-teurs : les mêmes supports destinés à tendre par le centre un fil horizontal & qu'on vient de décrire, pourront servir aussi à vérifier l'autre parallélisme, c'est-à-dire, celui du fil vertical du milieu, relativement au plan du limbe, lorsque le télescope y sera appliqué ; car avant cette application du télesco-pe à l'instrument, retournant quarrément les deux platines extrêmes du téles-cope, les présentant sur leurs faces, & faisant mouvoir le chassis *fig.* 8, à l'aide de l'autre vis *s*, on y parviendra aussi exactement que pour l'autre axe opti-que qui passe par le fil horizontal ; si l'on a eu grand soin de donner égales épaisseurs & de passer dans un même calibre la platine du nonius, comme celle du centre : au reste lorsque le Quart de cercle sera mis en place, les vérifications des hauteurs & des passages d'une même étoile au zénith donneront encore plus exactement les erreurs de ces parallélismes. N'avons-nous pas actuelle-ment la facilité de présenter chaque jour la face de notre instrument vers l'O-rient d'abord, & ensuite vers l'Occident? On découvrira donc ces parallélis-mes par les hauteurs au Nord & au Sud, & par la révolution d'une même étoile comparée à d'autres révolutions des fixes. Mais l'Artiste n'en doit pas moins obéir aux regles qui lui sont déja prescrites.

Dans l'espace intermédiaire qui se trouve entre les deux divisions de 90 & de 96, il y a encore un autre arc divisé par points & toujours par la bissection en 96, &c. Au lieu de l'arc de nonius on se sert pour celle-ci d'un fil d'argent d'un six-centieme de pouce en grosseur ou diametre : ce fil, *Pl. 6*, *fig. 3*, est porté, comme on l'a dit, par un petit chassis tenant à vis, & qu'on rend à volonté mobile vers l'extrémité de l'arc de nonius. On se sert de la vis du micromette pour le ramener sur un point immédiatement après l'observation de la distance d'un astre au zénith, & il faudroit toujours avoir attention de tourner cette vis du même sens. Mais cette troisieme division ne doit servir que dans des cas fort rares ou critiques ; tels sont les hauteurs solstitiales ou distances au zénith aux 21 Juin & Décembre, les latitudes de la lune, des planetes, &c. & sur-tout leurs déclinaison au passage par leurs nœuds : ce sera le cas d'entrer pour lors dans quelque critique de ces mêmes divisions sur différents arcs, & peut-être de les corriger l'une par l'autre. Peut-être pourra-t-on s'en servir pour concourir à établir avec certitude les limites de la variation des réfractions au solstice d'hiver. Cette variation est encore plus grande dans les latitudes de plusieurs Villes qui sont au Nord de Paris ; & malgré nos efforts pour y parvenir sous la latitude de 49 deg. puisque cette variation nous y paroît encore d'une année à l'autre très-sensible, selon que les vents du Nord ou du Sud y dominent au mois de Décembre, nous ne devons pas désespérer d'en fixer les limites, & d'établir ainsi l'obliquité moyenne de l'écliptique par la distance des tropiques ; mais ceci nous écarte un peu trop de notre sujet.

Lorsqu'il a été question ci-dessus *page* 47, de révéler l'artifice dont on doit se servir aujourd'hui pour continuer, par la bissection, les divisions d'un nombre qui d'abord ne paroît pas multiple du nombre 2, on a vu bientôt que ce moyen étoit très-simple, & on l'a appliqué avec succès à l'arc supérieur de la platine du nonius : or dans l'Ecrit de 1767 déja cité, on ajoute : » Lorsqu'on divise, soit des lignes droites, soit des arcs de cercles, un nombre » quelconque d'une progression, divisible continuellement par 2, quoique plus » grand que celui dont on a besoin, vaut toujours mieux pour commencer la di» vision & la réduire à la bissection.

On peut donc se servir d'un nombre plus grand divisible par 2, en prenant la corde de la différence des deux nombres proposés : si l'on veut, par exemple, diviser un cercle en 54 parties qui n'est pas un nombre divisible par 2, on prendra à son défaut 64 qui est divisible, & on cherchera comme il suit quelle est la corde qui doit excéder la circonférence de ce cercle. La regle d'or donne 54, est à l'excès 10 ( de 64 sur l'antécédent ) comme 360 degrés, sont à 66 degrés 40 minutes. On ajoutera donc cette corde aux 360 degrés du cercle, ce qui donnera 360 degrés, plus 66 degrés 40 minutes, qu'on pourra diviser par la bissection en 64 parties égales, dont 54 formeront le cercle ou la circonférence entiere.

L'échelle de parties égales en 96 pouces, peut être aussi divisée de la même maniere : Soit un nombre divisible par 2, savoir 51, 2 pouces, puisque celui de 50 pouces ne l'est pas. On placera d'après l'étalon sur lequel on a mesuré 51 pouces & un cinquieme, précisément cette distance entre les pointes du compas sur l'échelle à diviser. Bird prétend que pour mieux réussir & gagner bien du temps, en évitant les longs tâtonnements, il faut s'y préparer le soir, & laisser prendre pendant la nuit une même température à la regle de cuivre, de même qu'aux compas divers déja ouverts ; que le jour suivant, de grand matin avant le lever du soleil, après avoir corrigé tant soit peu l'excédent des compas sur les 51, 2 ; 25, 6, &c. il a porté deux & même trois fois cette valeur sur l'échelle qui étoit assez longue pour qu'on ait pû y appliquer autant de fois successivement la premiere ouverture du compas ; qu'ayant aussi appliqué très-vîte d'autres compas ouverts à 25, 6 pouc. ou bien à 12, 8 pouc. ainsi qu'à 6, 4 pouces, il divisa avec la même promptitude les trois espaces ; qu'enfin pour sous-diviser la derniere valeur 6, 4 pouces, n'ayant plus tant à craindre des effets de la chaleur inégale, parce qu'elle influoit bien moins sur une aussi petite distance, il a pu continuer à sous-diviser avec grande attention & à loisir un aussi court intervalle.

L'Artiste peut donc tracer ensuite d'après ces points de divisions les traits de son échelle avec le compas à verge, observant de ne pas passer les limites, comme on l'a dit ci-devant, entre lesquelles les cordes des arcs ou tangentes qui naissent doivent sensiblement se confondre en une seule & même ligne droite. Quant aux divisions du nonius qui font de 10, 1 pouce, & qu'il a fallu, ajoute-t-il, diviser en 100 parties, la même pratique que ci-dessus a dû s'y appliquer, faisant 100, est à 101, comme 256, par exemple, qui est divisible par 2, à un quatrieme terme, & on trouvera 258, 56. Comme l'échelle est numérotée de pouces en pouces, & qu'il ne s'agit ici que des dixiemes, centiemes & milliemes de pouces ; il faut donc prendre vers la gauche d'abord le dixieme du pouce par-delà le zéro de la division & y marquer un point très-fin : de ce même point, on doit porter ensuite vers la droite 25, 856 ou plutôt 26 pouces moins 0, 144, qu'ont fourni d'autres échelles divisées à l'ordinaire, & le reste a pu se diviser facilement par la bissection continuelle à l'aide des compas à verge & de ceux à ressort en finissant.

Il y a aussi quelque choix dans la maniere de fabriquer le tracelet ; car on a de la peine à se persuader que les Artistes de Londres ayent pu réussir jusqu'ici à nous indiquer les divisions par des traits sans y employer quelques outils particuliers : un de ceux-ci doit représenter au moins ou doit être substitué à la place d'une des pointes du compas : ces pointes font, à la vérité, rondes, aiguës & perpendiculaires ; mais cependant on adaptoit jadis ici une pointe

aiguë

aiguë un peu courbe, afin de la faire entrer bien plus facilement dans le cuivre, & y tracer un arc de cercle profond beaucoup plus net & plus régulier qu'on ne pourroit le tracer avec des pointes droites & rondes, quoiqu'aiguës : or il étoit de la prudence de nos meilleurs Artistes de rejetter ou d'adopter cette ancienne pratique, suivant que divers cas & les besoins d'une exactitude requise pouvoient leur inspirer l'artifice le plus simple en ce genre de tracer les divisions ; on auroit dû dispenser aussi du serment celui de Londres, & l'encourager plutôt à révéler sur toutes choses les outils qu'il a dû améliorer & qui y ont été poussés à de nouveaux degrés de perfection. Le sieur Lennel, successeur de feu Canivet, m'a fait voir ici les tracelets dont il se sert, & qu'il substitue à l'une des pointes du compas à verge selon le genre de courbure qu'il a dessein de tracer sur ses lames de cuivre : l'outil n'en est point recourbé ; mais outre sa pointe aiguë, il a des côtés ou des doubles biseaux en arcs & tranchants, qu'il dispose avant la trempe, suivant le genre de travail ou de courbures qu'il a dessein de graver avec netteté sur son cuivre, c'est-à-dire, avec quelque profondeur & non pas en l'effleurant. Quand il n'est question en effet que d'effleurer ou de tracer sur le limbe des arcs ou des traits déliés, les pointes ordinaires du compas à verge suffisent très-bien à ce genre d'opération ; mais les cercles concentriques, ainsi que les traits du nonius qui ne doivent plus s'effacer sur le limbe, demandent pour cet effet une certaine profondeur ; il faut en un mot que l'outil entame le cuivre & le pénetre à toute autre profondeur. Comme il s'agit ici de la description & de l'industrie qui naît sans cesse dans les Arts, au moins s'il n'est pas possible d'y révéler tous les secrets des atteliers, peut-être nous saura-t-on gré d'avoir quelquefois mis sur la voie pour y parvenir. Nous pouvons ajouter aussi qu'au compas à verge de la Planche 11, *fig.* 1, le sieur Lennel s'est très-bien trouvé d'employer un ressort qui pousse l'écrou *B* sur les filets de la vis *A*, afin d'éviter par-là le jeu de cette vis : il seroit à souhaiter qu'on trouvât quelque expédient très-simple & décisif qui pût aussi nous soustraire le jeu inévitable de celle du micrometre ou vis de rappel du Quart de cercle mural. Quand on fait parcourir à l'écrou de cette vis, lequel entraîne la lunette, un arc de 5 ou 10 minutes (ce que le nonius indique), on sait bientôt combien il faut faire de tours & partie de tours pour y répondre : cette partie ou corde peut se prendre avec un compas sur la circonférence du cadran, & par-là il seroit facile de diviser en secondes cette circonférence ; mais deux obstacles y nuisent nécessairement ; savoir le chemin indécis qu'on feroit parcourir à la vis en sens contraire, & qui seroit le même si elle n'avoit aucun jeu ; en second lieu, sans parler de la dilatation inégale du rayon, & de la lunette ou télescope du Quart de cercle, l'écrou de la vis de rappel tient à trop d'équipages pour qu'on puisse s'assurer comme au Secteur si cette vis pousse, en agissant sans cesse, à des distances qui seroient toujours les mêmes à l'égard du centre. A la lunette du

* Voyez-
en la Defcrip-
tion.

Secteur, M. Camus n'a pas négligé d'y marquer , figure 3 * , le trait fixe auquel on avoit foin de préfenter la pointe de la vis , avant que de commencer les obfervations à ce Secteur ; enforte que fi la pointe ne s'y préfentoit pas , il étoit facile d'abaiffer ou de remonter, comme cela s'y voit *fig.* 5 , le chaffis qui portoit la vis de ce micrometre. Au refte rien n'empêche , & même il paroît plus commode pour les obfervations , de faire graver au moins une divifion moyenne en fecondes fur le cadran de la vis de rappel des Quarts de cercles muraux : on a voulu feulement avertir que pour réuffir à cette divifion moyenne , il falloit réitérer les expériences , & même comparer entre elles celles des faifons les plus éloignées , tant du chaud que du froid.

Les divifions des Inftruments d'Aftronomie font d'autant plus importantes qu'elles épargnent bien du temps à ceux qui s'en fervent lorfqu'elles font bien exécutées : rien n'a été fi fatiguant au Pérou que la critique qu'il y a fallu faire du Secteur avec lequel on y obferva la diftance des tropiques. Il fembleroit prefque qu'on ignoreroit actuellement fi après nombre infini d'expériences & d'examens, on a dû parfaitement y réuffir ; puifque cette diftance des tropiques une fois réduite à fa valeur moyenne à caufe de la nutation, eft précifément la même que celle qu'on doit conclure des obfervations de Richer , faites en Cayenne avec fon grand Sextant *66* années plutôt , dans la Zone Torride. L'erreur loin de s'accroître a dû au contraire s'y partager dans la recherche de l'obliquité de l'écliptique, puifqu'on l'a conclue la même en 1671 , comme en 1737 : or la variation des réfractions aux folftices d'hiver n'a plus lieu , comme l'on fait , à ces hauteurs entre les tropiques. Enfin le Sextant de Richer , quoique moins foumis à une critique févere , étoit fort bien divifé. Ce n'eft donc peut-être pas fur le défaut des divifions qu'il faut rejetter l'erreur , s'il y en a , entre les réfultats de ces Obfervateurs de Cayenne & du Pérou , mais plutôt fur ce que les hauteurs Méridiennes font rarement bien obfervées, à moins qu'on n'y emploie des Quarts de cercles fixés à demeure dans le Méridien ; en un mot on auroit dû , pour plus de fûreté , n'y employer que les Quarts de cercles muraux , s'il eût été poffible.

Je ne doute pas cependant qu'un Quart de cercle mobile , placé avec foin avec des fils à-plomb fur une excellente ligne Méridienne , ne puiffe nous faire connoître exactement les hauteurs du foleil à midi ; mais dans les travaux journaliers , pour peu qu'il s'en écarte alors , les fils du réticule ne repréfentent plus des paralleles à l'Equateur. Or combien ne connoît-on pas de ces hauteurs Méridiennes obfervées aux Quarts de cercles mobiles , où l'aftre n'a pas été faifi précifément dans l'inftant de fon paffage à la croifée des fils, laquelle repréfente le centre de la lunette ? Nous nous fommes jettés dans ces confidérations d'autant plus volontiers qu'il refte encore plufieurs objets à parcourir dans l'ufage des Quarts de cercles les mieux divifés & les mieux applanis , ce qui pourroit donner naiffance à un nouveau genre d'examen , foit dans les hauteurs , foit dans les paffages.

En effet, examinons d'abord, *Pl.* 2, *fig.* 1, quel est l'effet du poids du Quart de cercle, ou plutôt quelle est sa distribution sur les deux supports *H, H.* L'Auteur de cette nouvelle forme n'a rien révélé qui soit parvenu par écrit ou par tradition à notre connoissance ; mais il me semble qu'il n'est pas difficile d'en faire l'examen comme il suit. La lame ou regle verticale qui aboutit au 30$_e$. degré, contient dans son milieu la ligne droite qu'on fait être le cosinus de cet arc. Tirant donc de ce point 30 deux lignes, l'une au centre & l'autre à 90 degrés, les deux triangles qui sont à la droite & à la gauche de ce cosinus seront égaux, & par conséquent la pesanteur de ces parties de la carcasse ou charpente de ce Quart de cercle sera censée égale : ainsi chaque support en *H*, en sera également chargé : il nous reste donc le segment terminé par l'arc & par une corde de 60 degrés à la droite, & sur la gauche un Secteur qui a l'arc de 30 degrés pour base. Les parties les plus pesantes qu'on doit envisager ici sont celles du limbe, à cause que ce limbe est doublé, & qu'il y a der-riere ces doubles limbes un arc de chan qui les fortifie : il y aura donc deux fois plus de pesanteur dans l'arc du segment qui est à droite que dans l'arc ou base du Secteur qui reste à gauche, ce qui doit entrer en compensation du défaut de hauteur de ce segment relative à celle du Secteur, les bouts de re-gles de l'un ne pouvant pas sans cela contrebalancer la regle ou le rayon vertical ; ainsi que d'autres plus longues regles du Secteur à gauche qui excédent celles du segment de la droite en pesanteur comme en dimensions.

On peut donc conclure de ce que nous venons d'établir que la pesanteur de l'instrument est partagée assez également sur les deux supports *H, H.* L'é-quilibre n'y seroit cependant pas relativement au plan vertical, puisque si chaque support *H*, au lieu d'être considéré comme un bout de cylindre ho-rizontal, pouvoit être censé un instant réduit à un seul point d'appui, en ce cas la partie inférieure comme plus pesante que tout ce qu'on voit au-dessus de la ligne horizontale *H H*, feroit quelqu'effort autour du centre commun de gravité de ces deux parties de l'instrument, pour peu que celui-ci & les points d'appui ne fussent pas dans le même plan vertical passant par la ligne droite *H H*. Mais cet inconvénient est de peu de conséquence, & les vis des coqs qui sont derriere le limbe suffisent pour ramener l'instrument au plan ver-tical auquel il est destiné, afin d'y demeurer fixe.

Jusqu'ici nous ne voyons pas qu'aucune partie de l'instrument suspendu sur ses potences & goujons cylindriques en *H*, & contenu d'ailleurs par ses coqs tout autour de sa circonférence, & même le long du rayon vertical jusqu'au dessus de la ligne horizontale *H H* ; que cet instrument, dis-je, soit en con-traction ou gêné dans quelques-unes de ses parties : aucunes n'y paroissent trop en souffrance, étant fortifiées par des regles de chan très-larges, & s'y trou-vant en quelque sorte contrebalancées.

Il se trouve cependant une force agissante jointe à un long bras de levier, autour du cylindre du centre, lequel a été représenté en *n* à part, au-dessus de la figure 1, *Pl.* 2 : cette force naît de l'alidade qu'on remue sans cesse, & qui pese inégalement sur la piece du centre ; savoir de tout son poids lorsqu'elle est verticale, & de la moitié de ce même poids lorsqu'on la fixe à 90 degrés du zénith. Outre son propre poids, elle agit par son frottement sur le cylindre, ensorte que si le poli parfait tant de ce cylindre que de celui de l'alidade qui l'enveloppe, vient à s'altérer par hasard, la piece avec ses vis qui l'assujétissent à la platine du centre doit rompre & se détacher de cette même platine : en effet, l'effort sur ces vis à cause du bras de levier y devient 300 fois plus grand ; mais ce qui rassure, c'est qu'il se distribueroit en ce cas sur trois vis, & que d'ailleurs on doit avoir soin de tenir la piece *n*, parfaitement polie. Il reste enfin l'autre partie de la force agissante laquelle aidée du poids de la lunette sembleroit devoir tirer en avant, si elle étoit excessive, les parties voisines du centre du Quart de cercle, ou du moins en courber les lames susceptibles d'impressions & qui ont du ressort.

Quand même la force agissante ne seroit pas excessive, si d'un autre côté les parties du Quart de cercle qui sont les plus près de la verticale du centre & qui s'apperçoivent au-dessus de la ligne horizontale *H H*, se trouvoient assez foibles pour obéir à l'action générale de l'alidade, on retomberoit donc dans les mêmes inconvéniens. Alors l'axe optique décriroit, comme dans l'autre cas, une surface conique dans le ciel, & sortiroit ainsi du plan du Méridien : mais on doit être rassuré sur de pareilles craintes, les pieces étant trop solides, & leurs regles de chan les fortifiant assez pour ne plus courir de pareils risques, qu'il falloit du moins prévoir, & dont les effets sont susceptibles de calcul, les expériences nous apprenant quelle peut être la flexion de toutes ces regles laminées plus ou moins larges.

On ne sauroit nier assurément que la lunette qui sert d'alidade ne soit sujette à une flexion dans une aussi grande portée qu'est la longueur de 7 à 8 pieds ; on a même cherché à y remédier dans le sens vertical ; mais il a été plus difficile jusqu'ici de faire porter également son arc de nonius sur le limbe, que de bien dresser cette alidade : on va voir bientôt comment on doit donner au limbe des épaisseurs égales, & comment il faut le dresser, ainsi que son alidade.

ADDITIONS

## ADDITIONS & SUPPLÉMENTS.

ON donne dans ces Additions & Suppléments quelques détails particuliers concernant l'affemblage & la folidité des différentes parties de l'inftrument, foit du côté du centre, *Pl.* 10 *& 14*, foit du côté de la circonférence & du milieu des deux rayons principaux : on va entrer auffi dans plus de détails fur la maniere d'applanir la fuperficie du limbe du Quart de cercle mural, avant que de procéder à la divifion de chacun des arcs tracés fur ce limbe.

La Planche 12, indique l'inftrument néceffaire pour applanir le limbe mis en place fur le centre du Quart de cercle couché horizontalement fur un mur bâti à deffein, en forte que cet inftrument regarde le zénith : la voûte d'en-haut eft préférable à une charpente, fi l'Artifte, dans la Capitale du Royaume où il demeure, peut obtenir les commodités néceffaires & l'édifice qui lui convient au moins pour entreprendre cette unique opération où il s'agit de vérifier & de completter l'applaniffement de fon limbe. *A C* eft le côté vertical de l'équerre, laquelle eft terminée par les deux pivots qu'on place dans une fituation qui n'eft plus arbitraire, puifque fon pivot fupérieur *A*, entre dans les ouvertures (*Pl.* 13, *fig.* 1,) mobiles qui lui font deftinées, *D*, *A*, *fig.* 2 *& 3*, & qu'on rend fixes ou mobiles à l'aide des vis à main agiffant en fens contrairés, telles qu'on les apperçoit dans ces figures : l'affemblage général de ces doubles platines eft repréfenté dans la figure 4. On peut donc réuffir par-là à mettre l'arbre & fes pivots *A*, *C*, *fig.* 1, *Pl.* 12 *& 13*, dans une fituation parfaitement verticale. On a eu foin de fortifier l'hypoténufe de l'équerre, *Pl.* 12, par deux traverfes qui appuyent l'une fur la branche verticale, & l'autre fur la branche horizontale ; mais on pourra les fortifier encore par la regle de chan *E P*, & même par des demi-réfeaux, ainfi que cela s'eft pratiqué déja pour la lunette de l'alidade.

Il a été dit *page* 11, quand on a infifté fur cette opération délicate, que tout Mathématicien étoit en état en pareilles circonftances de tirer un parti infini du tact, c'eft-à-dire, de celui de nos fens qu'il eft queftion d'appliquer à la vérification la plus exacte du plan du limbe ; ainfi la vis *V* agira fucceffivement & avec précautions, jufqu'à ce que nous foyons parfaitement affurés que la piece d'acier *B*, porte également dans les diverfes parties du limbe *L M* ; le Mécanicien placeroit en ce cas la main, non pas en *N*, mais légérement au-deffous de la vis *V*.

Mais on demande actuellement que tout Artifte foit en état de juger, indépendamment du tact, des parties de fon limbe qui s'élevent trop, & de leurs différentes inégalités, par une machine qui les lui indique, afin qu'il y puiffe remédier. Soit donc *fig.* 5 *& 6*, les pieces qui s'affemblent à l'autre bout du

bras horizontal de l'équerre par des doubles goujons *G*, *G*, taraudés par
leur extrémités qu'on affermira dans les ouvertures *O*, *O*, avec leurs écrous
*T*, *T*; on placeroit en *B*, *fig. 6*, 7, 8, la piece qui peut hauffer ou baiffer
à volonté, & que la vis *V* comprimeroit lorfqu'il feroit néceffaire de la
mettre en action.

Mais avant que d'y affermir cette piece tranchante *B*, à l'aide du goujon
*g*, & de fon écrou *t*, il eft néceffaire de connoître les inégalités du limbe
& d'en tenir regiftre à l'aide d'un indicateur que le Deffinateur, qui n'eft pas
borné fur ces matieres, a tiré de l'Art de l'Horlogerie. Les figures 9 & 10,
repréfentent les deux premieres faces & particulieres de ce même indicateur :
*L*, eft l'extrémité du talon ou bras de levier mobile fur fa charniere *K*, & que
l'on fubftitue *fig. 6 & 7*, à la place de la piece tranchante *B*. Pour peu que le
limbe foit inégal, ce que l'on connoîtra en faifant tourner la grande équerre, *Pl.*
*12 & 13*, *fig. 6*, à l'aide de la main *N*, le frottement du talon *L*, *fig. 9*, fur
les inégalités du limbe fera mouvoir ce levier coudé par fa partie fupérieure *S*.
Or le mouvement du point *S*, quel qu'il foit, doit être très-fenfible & faire
tourner plus ou moins l'aiguille *i*, *fig. 9*, 10, 11 & 12, fur fon pivot à l'aide du reffort *R*, que le fil attaché en *S*, & qui fe développe fur l'axe de l'index doit comprimer auffi plus ou moins, felon que les inégalités du limbe y
produiront des effets plus ou moins fenfibles. On pourra donc connoître fur
le cadran *fig.* 12, les diverfes quantités dont le talon *L*, eft repouffé par les
éminences du limbe, & y ayant fait des repaires, l'Artifte fera bientôt en état
de les applanir, foit avec la lime douce, foit enfin avec l'outil tranchant qu'il
fera facile de remettre en place après les vérifications préparatoires de l'Indicateur *fig.* 9, qu'on lui échange, comme cela fe voit aifément aux figures 6 &
11, de la même Planche 13.

Jufqu'ici nous n'avons parlé que des parties les plus élevées, que l'indicateur a fait connoître, & auxquelles il a fallu remédier ; mais comme il donne
auffi les enfoncements, & que les Artiftes n'en veulent pas tenir compte, la
vérification par l'indicateur doit être fans contredit la premiere condition du
marché ; autrement les Artiftes éluderoient fans ceffe cet objet important, &
cefferoient d'avoir égard à ces parties les plus enfoncées & de les atteindre à
force d'un travail opiniâtre.

La Planche 14, *fig.* 1, indique dans le plus grand détail ce qui concerne
tout le revers de la platine du centre avec les coqs ou équerres d'affemblages
qui fortifient les regles de chan, dont la largeur paroît d'ailleurs fuffifante pour
remédier à la flexion que le poids de la lunette pourroit occafionner aux parties de l'inftrument qui font au-deffus de *H*, *Pl.* 2, *fig.* 1, ainfi qu'à cette
platine du centre : en général les plus grandes largeurs des regles de chan fortifient ces pieces, & l'on fait auffi par les faits & par théorie, que la quantité de la flexion, fi elle a lieu d'une maniere qui puiffe être fenfible, fuit la

raison inverse des quarrés des largeurs de ces regles. La figure 2 de la même Planche 14, indique la figure des coqs ou fausses équerres placées en *E & B*, de la premiere figure, *Pl.* 1 : la figure 3, indique aussi les coqs ou contreplaques qui fortifient le limbe dans ses deux extrémités *F, A.* Enfin on a trouvé nécessaire d'ajouter dans la Planche 14, ce qui manquoit aux détails de la premiere Planche, puisque celle-ci ne fait voir en perspective & ne nous donne les détails que des équerres ou coqs qui répondent aux assemblages du milieu de l'instrument, & de quelques autres parties, soit des rayons, soit de la circonférence du limbe qu'il a fallu fortifier ainsi de distances à autres, & même qui étoient des plus nécessaires pour assembler les regles plates ou celles de chan de ce grand Quart de cercle.

Quant à l'alidade dont il a été déja question fort amplement au second Article, la partie inférieure de son arc de nonius doit user sans cesse par son frottement le limbe, *Pl.* 6, *fig.* 1, 2, pour peu que la roulette supérieure soit tant soit peu plus écartée de ce limbe que ne l'est la roulette inférieure. Les roulettes, indépendamment de ce qu'elles soulagent les frottements, sont en effet, quoiqu'on désire tout le contraire, la partie principale de l'alidade qui s'applique au plan du limbe; & comme elles ont quelques épaisseurs, il doit s'ensuivre qu'elles doivent être un peu coniques ou que leur circonférence doit être une portion de cône tronqué. C'est ce qui n'a pas été révélé dans l'Ecrit publié en 1768, ni même si ces deux portions de cônes tronqués doivent être égales & travaillées sur un même calibre : assurément si la partie inférieure du nonius porte sur le limbe, & s'applique immédiatement sur les divisions, les deux roulettes doivent être censées appliquées avec des portées inégales, & c'est le parti qu'il faut prendre pour éviter l'effet de quelques parallaxes, en examinant à la louppe les divisions de l'arc. L'axe optique de la lunette participera donc aux inégalités du limbe dans les divers endroits où les roulettes se succédent en parcourant ce limbe; ainsi la machine dont on vient de parler, ainsi que son indicateur doit être présentée scrupuleusement dans la partie du limbe où s'appliquent les roulettes *A & B* de la premiere figure *Pl.* 6; mais il faut d'ailleurs vérifier, avec un second indicateur recourbé, toute la partie du limbe en-dessous où portent les deux autres petites roulettes, *Pl.* 7, *fig.* 1, & qu'un ressort très-puissant y doit constamment assujétir, ainsi qu'au dessus, les roulettes supérieures & l'arc du nonius.

En général les roulettes *A & B* de la Planche 6, devroient être continuellement poussées par des ressorts; & afin que l'arc de nonius fût parallele au limbe, il faudroit ajouter encore une troisieme roulette à ressort, à gauche vers l'extrémité de l'arc de nonius. Par-là l'axe optique de la lunette décriroit le vrai plan du Méridien, & ne seroit plus dans le cas de décrire une section conique dans le ciel, comme il arrive lorsque pour éviter le frottement on écarte tant soit peu plus la roulette *B*, que la roulette *A*, du plan du limbe.

Il n'eſt pas facile non plus de dreſſer une alidade de 7 à 8 pieds de longueur, enſorte que ſon plan, ſi elle peut reſter droite ſans ſe courber ni faire reſſort, ſoit exactement perpendiculaire à l'axe de rotation ſur lequel on applique le collet de cette alidade. Comment pourroit-on en être aſſuré, ſi on n'a pas d'abord dreſſé le plan du limbe ſur lequel on l'applique ? Suppoſons pour un moment qu'il faille renoncer aux paſſages des aſtres, ce qui eſt cependant le principal objet qu'on ſe propoſe aux Quarts de cercles muraux, comment peut-on être aſſuré, ſi l'alidade eſt défectueuſe, d'obtenir par-là les hauteurs Méridiennes abſolues ?

Tous nos efforts doivent donc tendre à rendre l'axe optique de la lunette perpendiculaire à l'axe de rotation, lequel paſſe par le centre du Quart de cercle, & nous pourrons nous en aſſurer après l'exécution qu'on vient de preſcrire, par les retournements & les étoiles voiſines du zénith ; par les points diamétralement oppoſés dans l'horizon ; enfin dans les nuits d'hiver par les étoiles circompolaires, ſi l'Horloge à pendule indique des temps égaux à chaque demi-révolution du ciel étoilé. On pourroit auſſi fabriquer le nonius, qui frotte néceſſairement ſur le limbe, avec plus d'art ; en ſorte qu'il fût garni d'une platine d'acier en-deſſous, puiſque c'eſt la partie qui poſe & qui doit toujours frotter tant ſoit peu ſur le limbe.

Dans la Planche 4, *fig.* 5, le frottement de la piece *b b*, ſur le cylindre du centre de la figure 1, peut être tel, que par un peu de rouille le bras de levier qui a preſque toute la longueur de la lunette ſeroit capable de faire rompre ſucceſſivement les quatre vis qui retiennent ce cylindre de métal dur ſur l'autre *C D*, de la figure 2.

On a repréſenté dans la Planche 10, à la gauche, un autre équipage tout différent, cette même piece *A B*, du centre étant taraudée à la gauche par ſon extrémité, & portant à la droite un écrou plus large que n'eſt le diametre du canon du centre, qu'on voit aux figures 7 & 9, de la Planche 4.

*REMARQUES ſur ce qui a été dit aux Articles précédents.*

A l'Article I, *page* 2, il eſt dit à l'occaſion de l'Inſtrument des paſſages, qu'on ſuppoſe que les deux bouts de l'axe de rotation ſont d'un même calibre & parfaitement arrondis : on ne s'en eſt point encore convaincu en propoſant quelques machines qui nous raſſurent ſur cet objet, & encore moins a-t-on propoſé les méthodes de s'en aſſurer par les obſervations ; ce ſera donc à l'avenir le ſujet de nouveaux éclairciſſements, l'Ouvrage qu'on vient de publier n'étant pas préciſément une critique générale des moyens connus juſqu'ici pour perfectionner les Inſtruments d'Aſtronomie.

A la fin du même Article, on auroit pu avertir que les diviſions repréſentées *Pl.* 8, *fig.* 2, ne ſont pas, dans le développement qu'on en a propoſé, conformes abſolument à celles du limbe ; celles-là étant développées en ligne droite, & celles du limbe étant circulaires.

Aux Additions, *page* 3, on auroit pu avertir auſſi que la même machine de la Planche XI, peut ſervir à vérifier les défauts du plan de l'inſtrument mis en place, & dans une poſition qu'on a regardée comme verticale depuis pluſieurs années.

*F I N.*

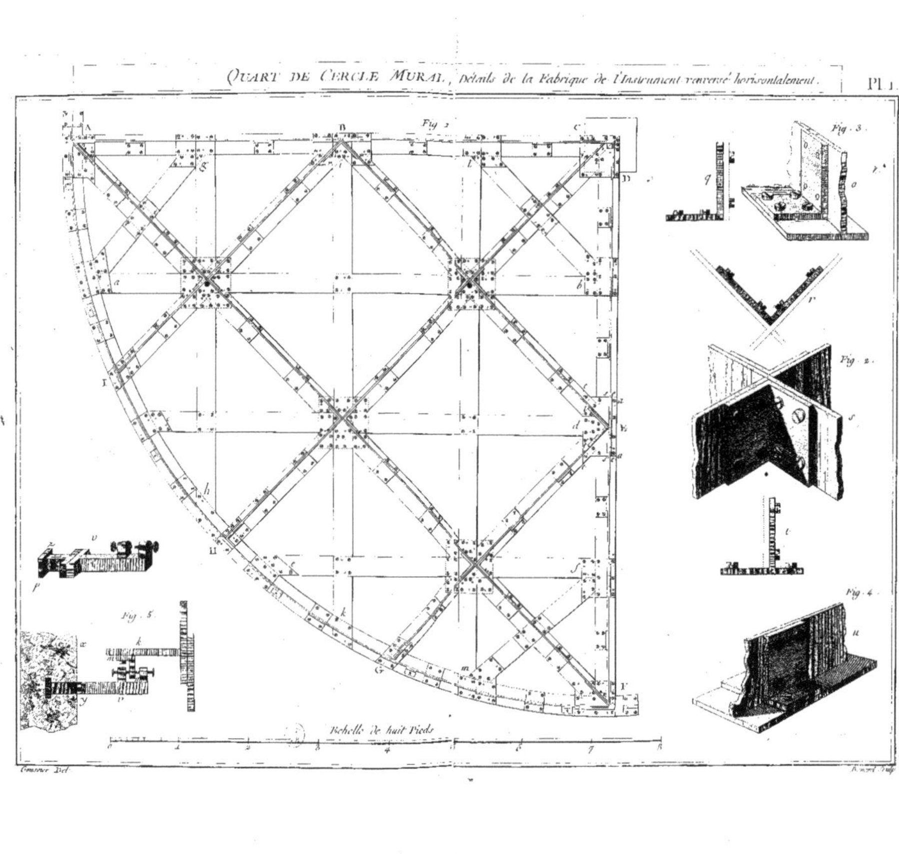
Fig . 1
Fig . 3
Fig . 2
Fig . 4
Fig . 5
Echelle de huit Pieds

Quart de Cercle Mural, Face antérieure de l'Instrument.

Pl. 2.

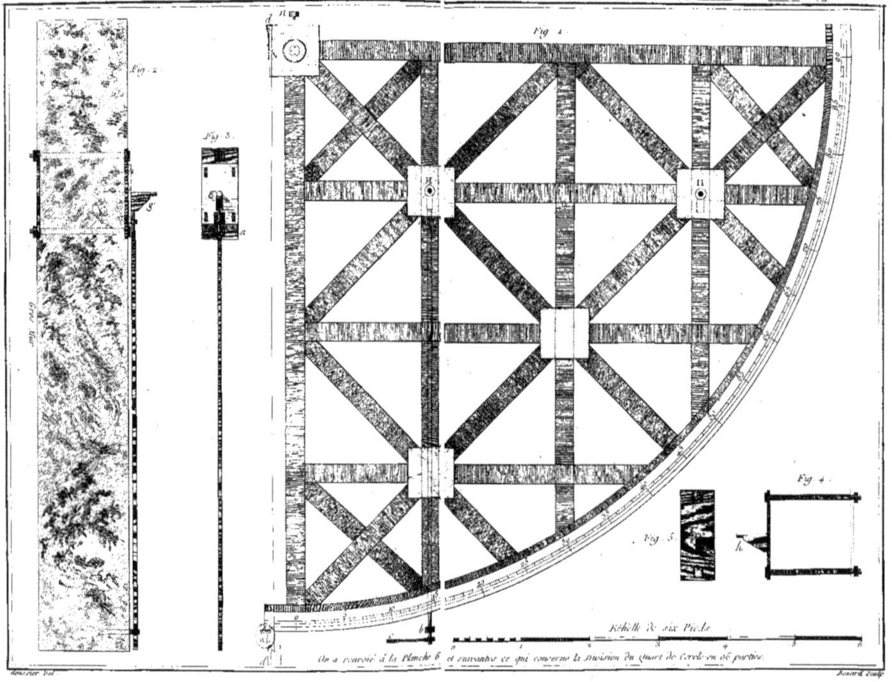


On a renvoié à la Planche 6 et suivantes ce qui concerne la Division du Quart de Cercle en 96 parties.

Goussier Del. Benard Sculp.

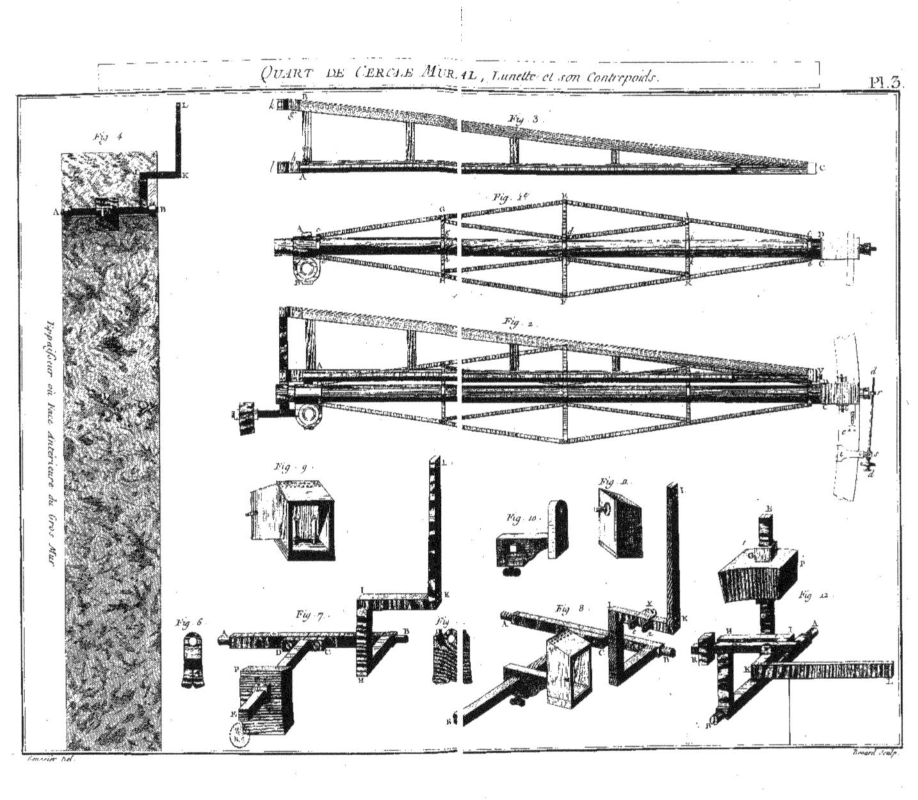
Fig. 4
Fig. 3
Fig. 1.
Fig. 2.
Fig. 9
Fig. 11.
Fig. 10.
Fig. 12.
Fig. 6
Fig. 7
Fig. 8
Epaisseur ou Face Anterieure du Gros Mur
Benard Del.
Benard Sculp.

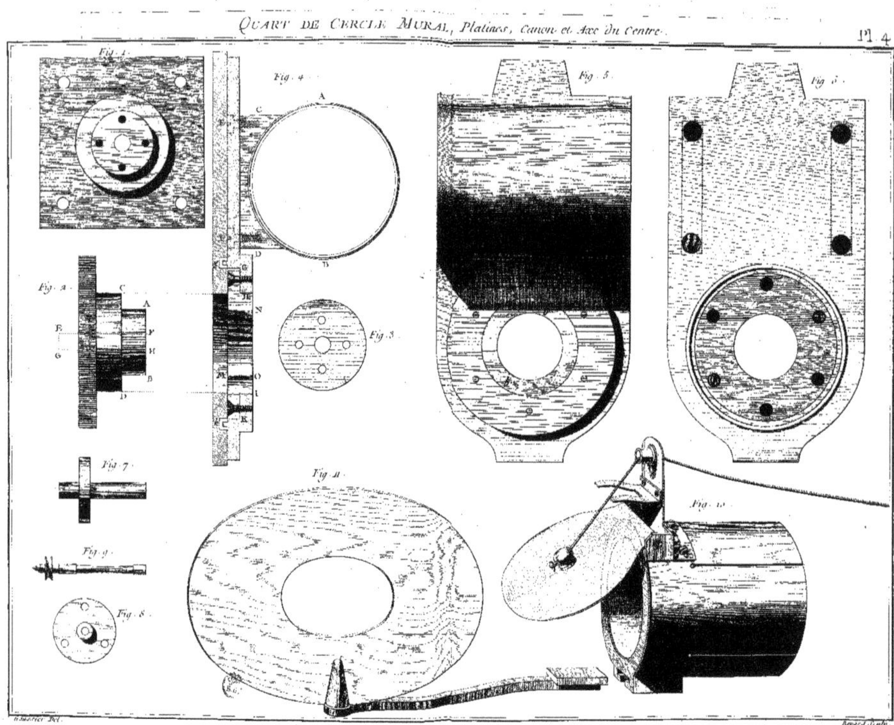
Fig. 1
Fig. 2
Fig. 3
Fig. 4
Fig. 5
Fig. 6
Fig. 7
Fig. 8
Fig. 9
Fig. 11
Fig. 12
A
B
C
D
E
F
G
H
I
K
L
M
N
O

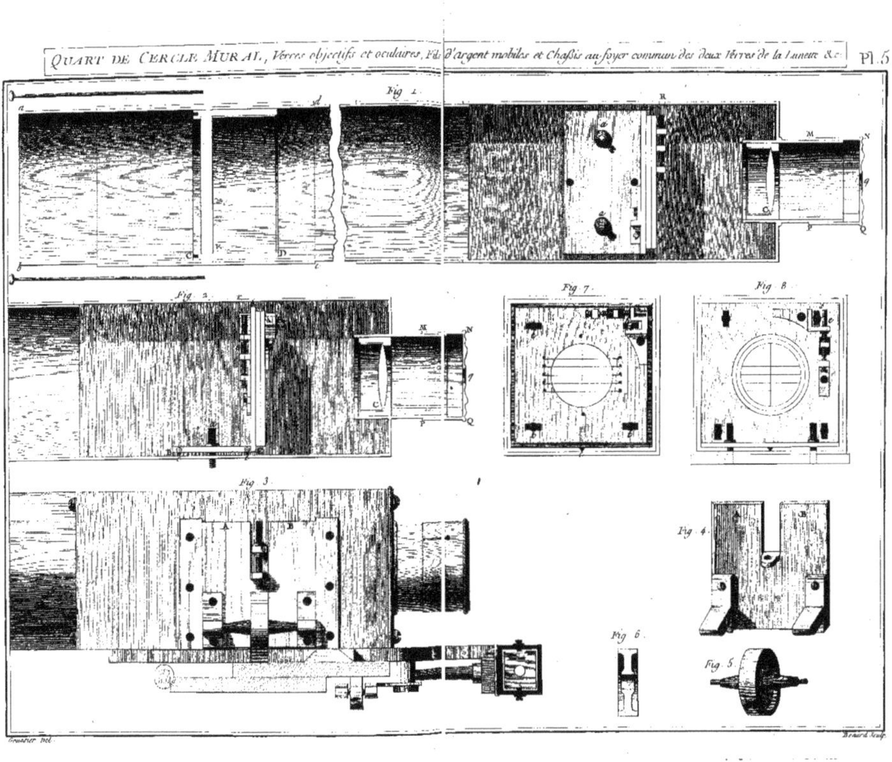



Goussier del.

Benard Sculp.

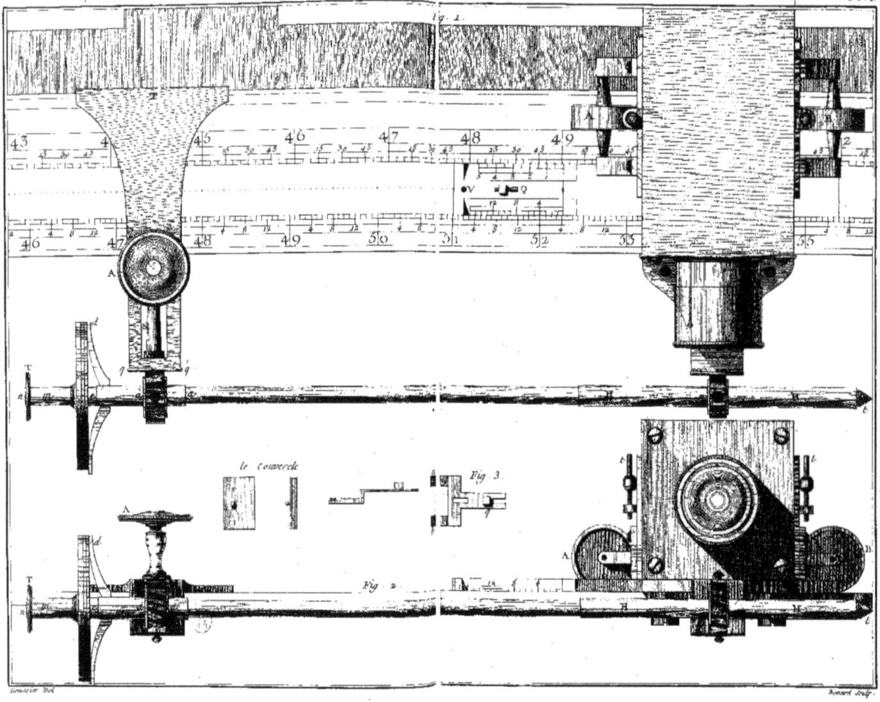

Fig. 1.
Fig. 2.
Fig. 3.
le Couvercle
Gousset Del.
Benard Sculp.

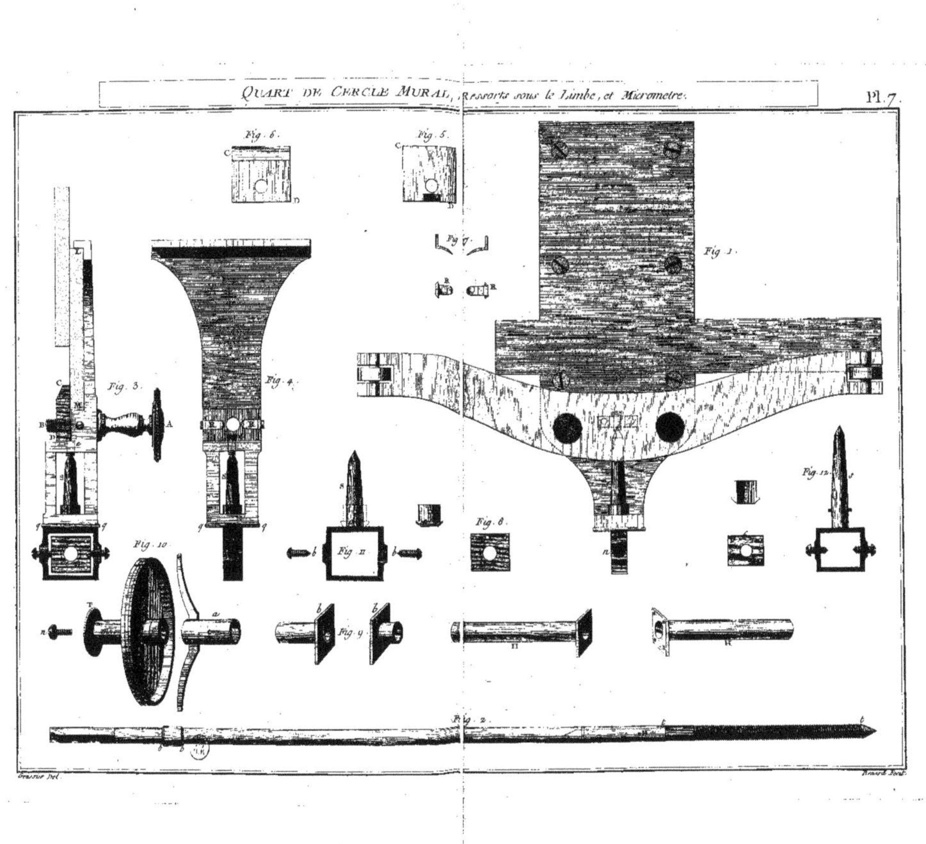

Fig. 6.
Fig. 5.
Fig. 1.
Fig. 7.
Fig. 3.
Fig. 4.
Fig. 10.
Fig. 11.
Fig. 8.
Fig. 12.
Fig. 9.
Fig. 2.
Grossier Del.
Benard Fecit.

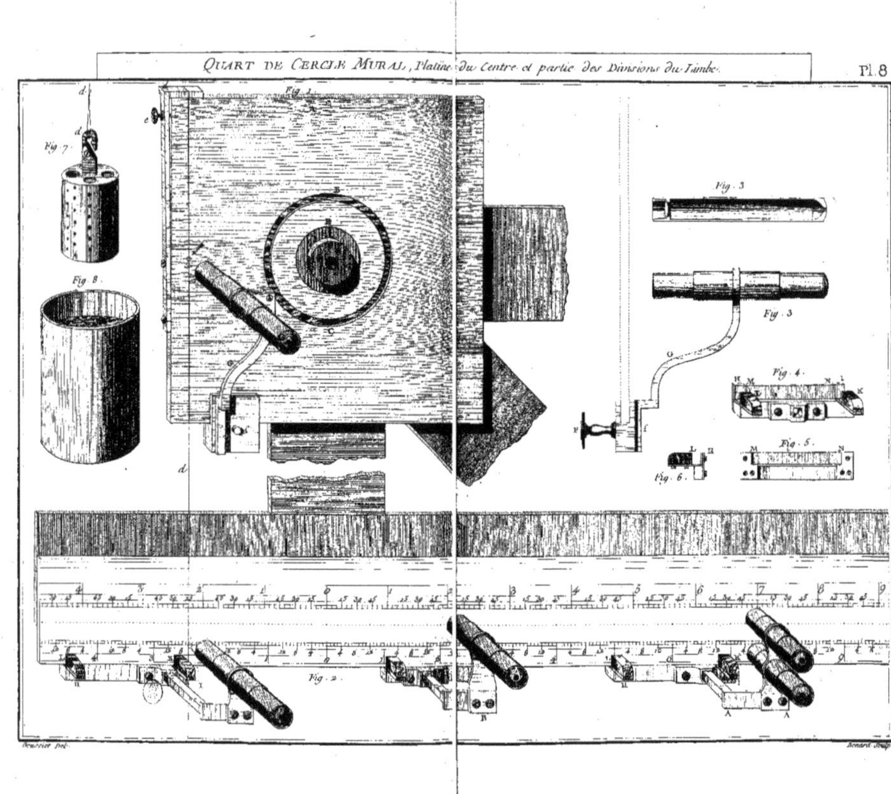

Fig. 7.
Fig. 8.
Fig. 1.
Fig. 2.
Fig. 3.
Fig. 3.
Fig. 4.
Fig. 5.
Fig. 6.

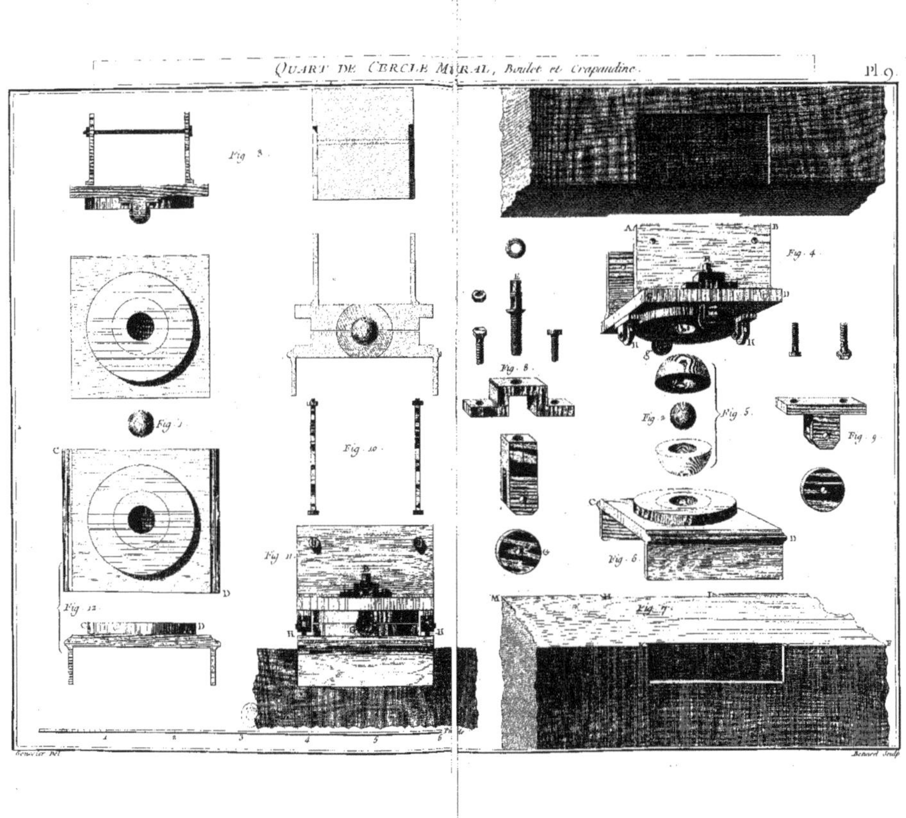

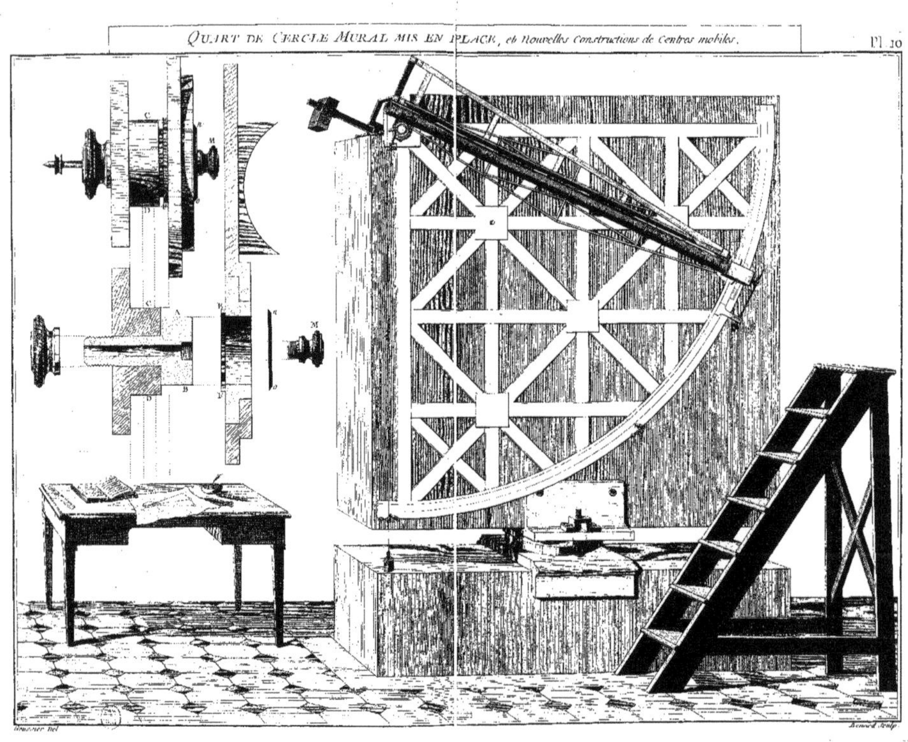


QUART DE CERCLE MURAL MIS EN PLACE, et Nouvelles Constructions de Centres mobiles.

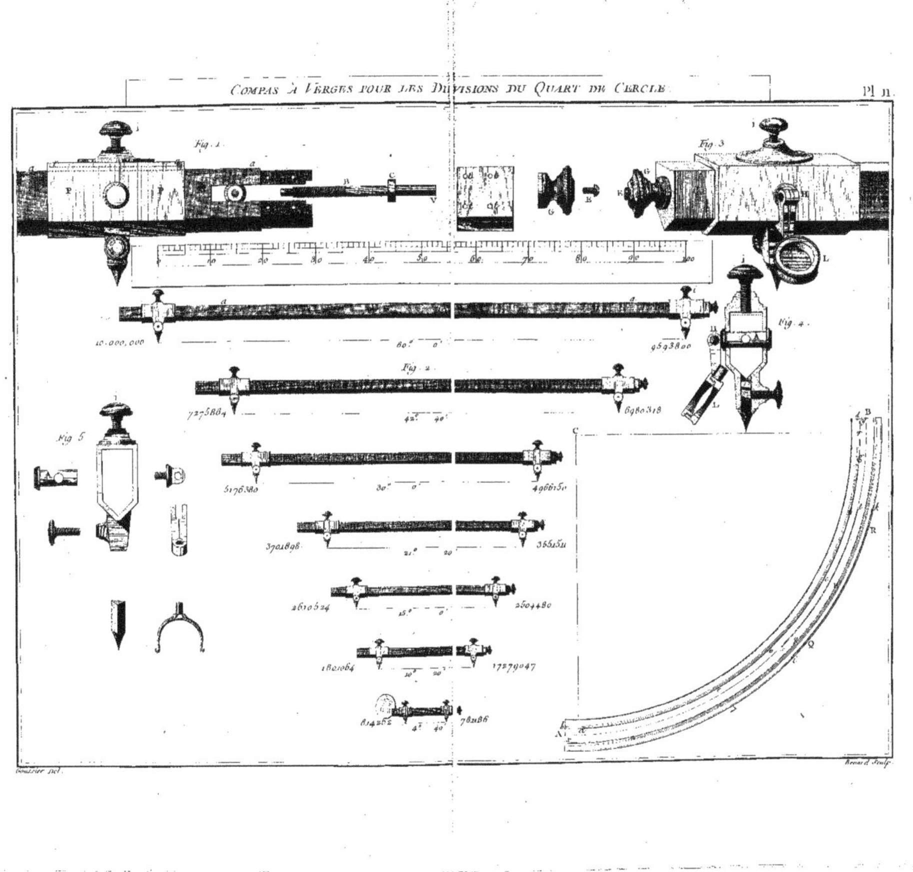

Fig. 1.
Fig. 2.
Fig. 3.
Fig. 4.
Fig. 5.
Goussier Del.
Benard Sculp.

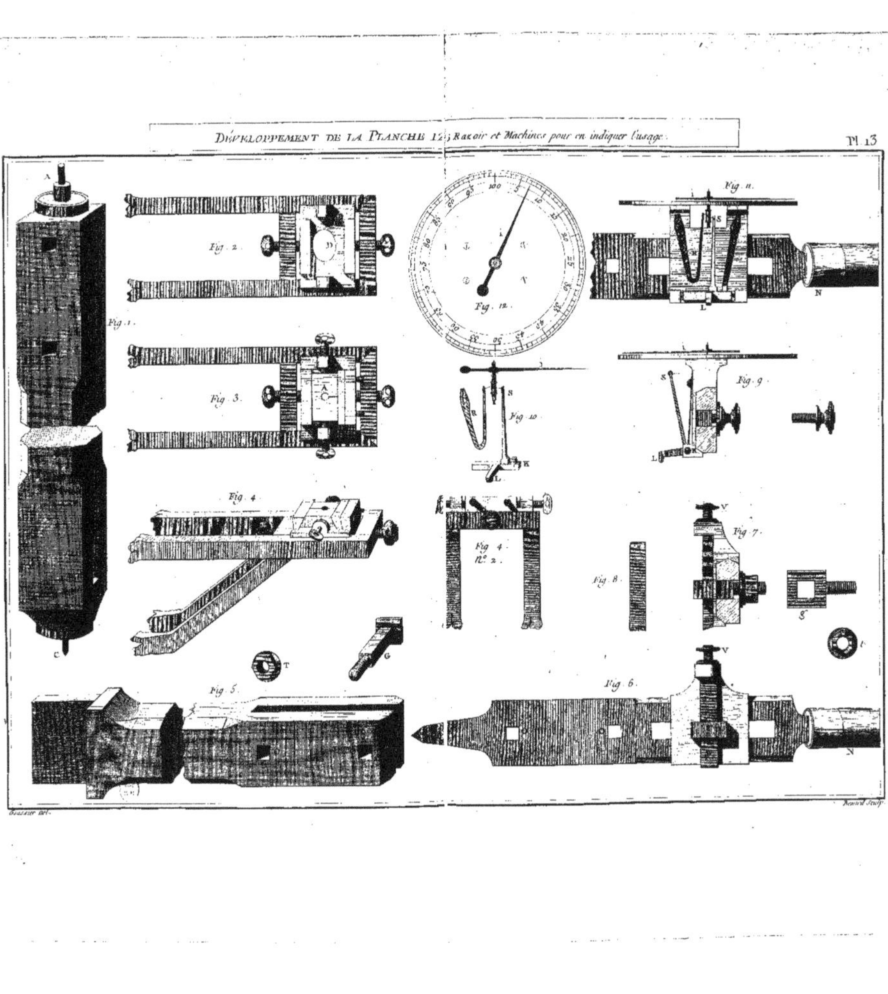
Fig. 1.
Fig. 2.
Fig. 3.
Fig. 4.
Fig. 5.
Fig. 6.
Fig. 7.
Fig. 8.
Fig. 9.
Fig. 10.
Fig. 11.
Fig. 12.
Fig. 4. N.° 2.
Brassier Del.

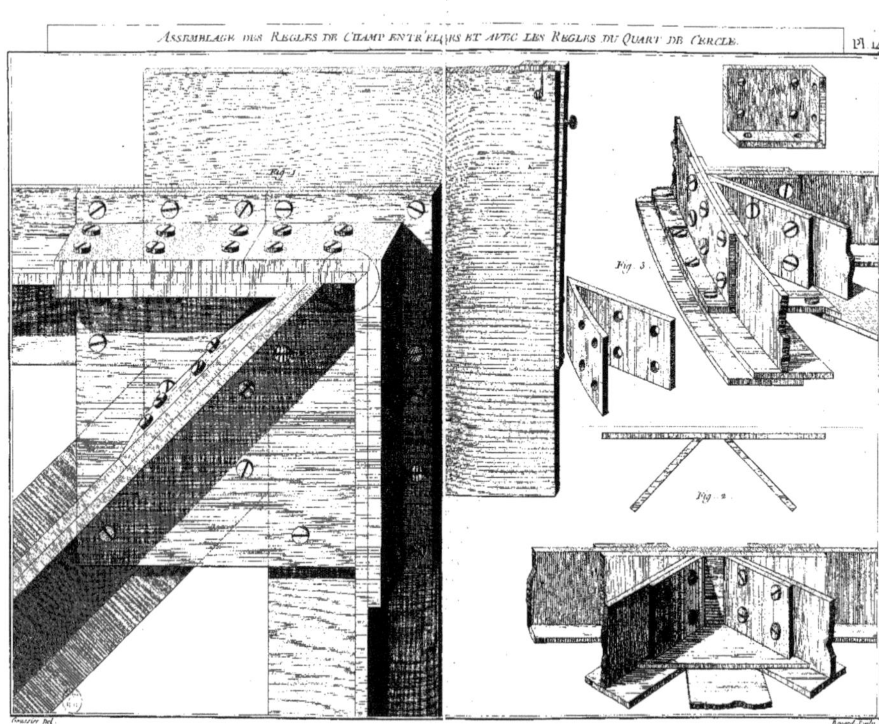
Fig. 1
Fig. 3
Fig. 2
Goussier Del.
Benard Fecit.

www.ingramcontent.com/pod-product-compliance
Ingram Content Group UK Ltd.
Pitfield, Milton Keynes, MK11 3LW, UK
UKHW021742090726
13657UKWH00002B/874